社会资本助力农户技术采纳

李文欢　著

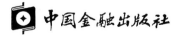中国金融出版社

责任编辑：吕　楠
责任校对：孙　蕊
责任印制：丁淮宾

图书在版编目（CIP）数据

社会资本助力农户技术采纳／李文欢著 . —北京：中国金融出版社，2022. 11
ISBN 978-7-5220-1829-4

Ⅰ.①社… Ⅱ.①李… Ⅲ.①社会资本—影响—农业科技推广—研究 Ⅳ.①S3-33

中国版本图书馆 CIP 数据核字（2022）第 219545 号

社会资本助力农户技术采纳
SHEHUI ZIBEN ZHULI NONGHU JISHU CAINA
出版
发行　中国金融出版社
社址　北京市丰台区益泽路 2 号
市场开发部　（010）66024766，63805472，63439533（传真）
网 上 书 店　www.cfph.cn
　　　　　　（010）66024766，63372837（传真）
读者服务部　（010）66070833，62568380
邮编　100071
经销　新华书店
印刷　北京九州迅驰传媒文化有限公司
尺寸　169 毫米×239 毫米
印张　11. 75
字数　194 千
版次　2022 年 11 月第 1 版
印次　2022 年 11 月第 1 次印刷
定价　89. 00 元
ISBN 978-7-5220-1829-4
如出现印装错误本社负责调换　联系电话(010)63263947

前言

　　党的十九大报告中强调，"三农"问题是关系国计民生的根本性问题，必须始终把解决好"三农"问题作为全党工作的重中之重，实施乡村振兴战略，着力解决农村生态环境问题。农村生态环境的提升离不开农户生产方式的绿色转变，引导和激励农户采纳绿色生产技术具有重要意义。当前，畜牧业污染已经占到农村生态环境污染的"半壁江山"，是农村环境污染的重要来源，严重阻碍了我国乡村振兴战略的顺利实施。养殖废弃物资源化利用技术是一种典型的绿色生产技术，该类技术的应用能够有效缓解环境污染、实现农业绿色发展。但现实中，这类技术并没有得到广泛采纳，如何提高这一绿色技术的采纳水平成为亟待解决的问题。

　　不可否认，以政府为主导的自上而下的政策体制和技术推广体系在激励农户采纳绿色技术方面起到了重要作用，但是也存在政策设计和执行的缺陷以及"鞭长莫及"的职能空白，使现实效果与政策预期存在一定差距。而与市场接轨的绿色技术推广体系则远未健全，这只"无形之手"还不能形成有效的激励机制。事实上，在农村这样一个相对封闭的"熟人社会"，农户的技术采纳行为除受到政策和市场等外部因素的影响，还会受到嵌入在农村社会环境内部的社会资本的影响。社会资本可以弥补政府和市场在技术推广中的不足，它在技术信息传递、技术风险分散、示范作用发挥等方面具有重要作用，有助于农户突破现有资源限制，改变其在采纳与不采纳农业技术之间的边界。同时，就绿色农业技术而言，它具有典型的正外部性，采纳该技术获得的生态效益和社会效益远高于经济效益，这会导致私人收益小于社会收益，从而降低单个农户采纳绿色技术的积极性。但整个社会生态效益和社会效益的提升有赖于大量农户的共同参与才能产生实质性的变化。这种情况下，个人选择与集体选择很容易出现冲突，致使集体行动陷入困境。而社会资本正是解决集体行动困境的重要"武器"。社会资本可以通过信息交换、内部监督、互惠合作等将微观个体行为和宏观集体行为结合在一起，从而有助于农业技术采纳中集体行动困境问题的解决。那么，社会资本能否有效激励农户采纳废弃物资源化利用技术？其对农户采纳该类技术的影响程度及方向是怎样的？这种影响是通过哪些机制发挥作用的？如何通过培育社会资本构建废弃物资源化利用技术采纳长效机制？目前，这些问题尚缺乏系统的研究。因此，本书以社会资本理论、农户技术采纳理论、农业技术扩散理论为理论依据，基于社会资本视角，以农户微观数据为基础，深入剖析社会资本对农户资源化利用技术采纳的作用路径，以期为构建绿色技术采纳的长效机制提供理论和实证依据。

目录

第一章 导 论

1.1 研究背景

1.1.1 畜牧业环境污染治理是实现乡村振兴的迫切要求

党的十九大报告中强调，"三农"问题是关系国计民生的根本性问题，必须始终把解决好"三农"问题作为全党工作的重中之重，实施乡村振兴战略。乡村振兴战略是当前和未来解决我国乡村问题的根本指针。乡村振兴要实现产业兴旺、生态宜居、乡风文明、治理有效、生活富裕。在这"五位一体"的发展目标中，生态宜居是关键。农村生态环境质量直接关系到人民群众的身体健康和社会福利水平的提高。

可是，当前我国农村环境不断恶化，由畜禽养殖导致的环境污染问题非常突出，主要由养殖废弃物的处理不当导致。据有关部门估算，中国每年产生养殖废弃物总量达 38 亿吨，而有 40% 被随意丢弃。同时，畜禽养殖业排放的化学需氧量达到 1268 万吨，占农业源排放总量的 96%。大量被直接排放到环境中的废弃物，对土壤、水体、空气和农村人居环境造成巨大污染。当前，畜禽养殖污染已经成为农村生态环境污染的重要原因，严重阻碍了乡村振兴战略的顺利实施。因此，加快畜牧业环境污染治理是实现乡村振兴和生态文明建设的迫切要求。

1.1.2 生猪养殖造成的畜牧业环境污染尤为突出

在肉类产品中，猪肉是我国居民消费最多的肉类产品。2018 年猪肉产量占肉类总产量的 62.65%。由于我国居民对猪肉的热衷及国家政策的支持，生猪的饲养量增长迅速。生猪出栏量从 1979 年的 18767.70 万头增长到 2018 年的 69382 万头，增长了 269%。猪肉产量由 1982 年的 1271.85 万吨增长到 2018 年的 5403.74 万吨，增幅达 325%。同时，我国生猪的规模化养殖趋势越来越明显。2002—2016 年家庭散养户数一直在减少，从 2002 年的 10433.27 万户减少到 2016 年的 4020.56 万户，14 年间减少了 61.46%。而同一时期，规模养殖户却从 79.11 万户增长到 240.39 万户，增长了 203.87%，生猪规模养殖户数量增长迅速。

生猪的规模化、集约化发展在满足城乡居民肉类产品消费、增加养殖户收入、推动农村经济发展的同时，也使得养殖废弃物的排放量和排放密度大幅增加。由于当前种养分离严重，大量的养殖废弃物无处消纳，对环境造成了巨大的破坏。据相关学者测算，每头生猪日排泄粪污为 5.3 公斤，一个存栏万头的猪场，每天产生粪污多达 100 多吨，相当于 50000～80000 人的城镇生活废弃物量。2016 年我国生猪粪便排放量约占畜禽粪便总量的 1/3，2018 年生猪粪污 COD 与氨氮排放量分别为 1864.26 万吨和 456.53 万吨，生猪养殖量大、养殖密度高导致生猪粪污排放量大且集中，加之养殖场周边通常没有足够土地用于消纳生猪粪污，使其已成为畜禽养殖污染的重要组成部分，严重威胁着我国农村地区的环境安全。因此，加强以生猪养殖为代表的畜禽养殖污染治理是现阶段农村环境改善的重要内容。

1.1.3 养殖废弃物资源化利用技术没有得到广泛采纳

畜禽养殖对农村环境的污染主要源于养殖户对养殖废弃物的随意排放，尤其规模养殖产生的废弃物量大且集中，在缺乏资源化利用技能及基本环境素养的情况下，养殖户往往成为农村环境污染的主要制造者。同时，农业生产污染叠加来自工业及城市的污染，导致农村环境污染程度进一步加剧，使得养殖户成为环境损害结果的最大承受群体。另外，任何农村环境治理政策和环境友好技术的有效实施都离不开养殖户的参与，养殖户是农村环境治理的直接执行者和直接受益人。畜禽养殖过程中养殖户的行为将直接影响农村环境水平的变化，因此，养殖户也是农村环境治理的主要责任主体。养殖户因兼具"环境污染制造者""环境损害承受者""环境治理者"这三种矛盾身份，引起了学者们的广泛关注。

在养殖户对环境的治理行为中，一个非常重要的方面就是通过采纳资源化利用技术，将养殖末端产生的废弃物进行肥料化、能源化等资源化利用。理论上，养殖废弃物资源化利用有利于缓解畜禽养殖对环境的污染，实现资源的循环再利用，增加养殖户收入或带来生产生活成本的节约，促进农村社区的和谐发展，最终实现生态效益、社会效益和经济效益的统一。可实际中，养殖废弃物资源化技术并没有得到广泛采纳。比如，舒畅（2017）对北京生猪养殖户的调查显示，只有 79.57% 的养猪场户拥有废弃物资源化利用设施，而且设备等级参差不齐。石哲（2018）对河北省 5 个重点生猪养殖县区的养殖户进行调查，结果显示：仅有 36.49% 的生猪养殖户将固态粪便用作肥料还田，21.89% 的生猪养殖户利用固态粪便生产沼气。潘丹、孔凡斌（2015）对山东、江苏、福建、江西和四川 5 个省的生猪养殖户进行抽样调查，结果显示：有 18.87% 的生猪养殖户将未经任何处理的废弃物直接排放到周围环境中。仇焕广等（2013）对四川、河北、浙江、吉林、安徽 5 个养殖业较发达的省畜禽养殖户进行入户调查的结果显示，仅有 8.6% 的生猪养殖户将生猪粪便用于生产沼气，49.5% 的生猪养殖户将生猪粪便用于还田，而将生猪粪便直接排放到环境中的生猪养殖户占样本总量的比例高达 25.3%。为什么现实中养殖废弃物资源化利用技术这样的绿色技术没有得到广泛采纳？影响养殖户对这类技术采纳的重要因素是什么？对于这些问题，学术界尚缺乏深入系统的探讨。理论与现实的矛盾使得废弃物资源化利用等绿色技术采纳的研究亟须进一步深化。

1.1.4　社会资本是驱动养殖户采纳废弃物资源化利用技术的重要因素

从政策角度来看，畜禽养殖对环境造成的污染已经引起了政府的高度关注。2016 年 12 月习近平总书记在中央财经领导小组第十四次会议上提出：加快畜禽养殖废弃物处理和资源化，力争在"十三五"时期基本解决大规模畜禽养殖场粪污处理和资源化问题。2020 年中央一号文件提出"治理农村生态环境突出问题，大力推进养殖废弃物资源化利用"。政府出台了多个关于畜禽养殖污染治理的规划与文件，如《畜禽规模养殖污染防治条例》《关于促进南方水网地区生猪养殖布局调整优化的指导意见》《关于加快推进畜禽养殖废弃物资源化利用的意见》《全国农业可持续发展规划（2015—2030 年）》等。同时，我国政府还采取了一定的强制措施，据环保部数据显示，截至 2017 年 6 月底，全国累计划定畜禽养殖禁养区 4.9 万个，累计关闭或搬迁禁养区内畜禽养殖场（小区）21.3 万个。

虽然在政策的指导下畜禽养殖对环境的污染有所改善，但养殖废弃物随意排放的现象依然存在。究其原因，一方面，畜禽养殖污染本身具有排放主体分散、污染随机等特点，尤其是养殖规模较小的养殖户的污染状况往往不易被监测。政府部门没有足够的人力、物力、财力收集全部的污染信息,仅仅依靠我国现行的环境管理体制来解决畜禽养殖污染,往往出现治不起、治不净、治不到的情况。而且政府的监管也会在与养殖户的长期重复博弈中渐渐形式化,无法对养殖户的环境污染行为形成长期约束。另一方面,我国现行的畜禽养殖污染治理政策存在一定的缺陷。第一,原则性规定较多,可操作性规定较少。这容易导致地方政府在执行中央政策时出现严重的偏离。以禁限养政策执行为例,有些地方政府为完成中央政府关于关闭或搬迁禁养区内不符合环保规定的畜禽养殖场的政策要求时,几乎把禁养区变成"无畜区"。这种"一刀切"式的做法虽然能在短期内缓解畜禽养殖对环境的污染,但也带来极大的负面效应,如猪肉的有效供给问题、转产转业农户的生计问题等,并且这些问题的负面效应已经初见端倪。第二,引导政策落实难。例如,《畜禽规模养殖污染防治条例》规定畜禽养殖场利用沼气发电上网能够获得可再生能源上网补贴。但在政策落实中,电力部门经常以"发电量太小、不符合技术标准"为由拒绝养殖场沼气发电入网,致使养殖场无法享受到发电上网的收益。又如,养殖场利用养殖废弃物生产有机肥执行的并不是农业电价而是工业电价,这就加大了有机肥生产的成本,降低了养殖场采纳养殖废弃物资源化利用技术的积极性。再如,虽然国家对农户沼气池建设给予补贴,但因没有考虑不同规模养殖户的实际需求,沼气技术采纳率仍然较低。

从政府技术推广角度来看,我国的养殖技术推广采取以政府为主导的自上而下的推广模式,这种模式在过去很长一段时间对养殖户的技术采纳起到了非常重要的作用。但是,这种技术推广模式往往忽视养殖户的多样化需求,存在工作效率低下、推广频率低、推广内容针对性差、后期服务不到位等问题。胡瑞法、孙艺夺(2018)对全国7个省28个县的农户抽样调查显示,2013—2016年接受过政府部门农业技术培训的农户比例仅为25.2%。袁明达、朱敏(2016)研究发现,具有较高市场意识和科技意识的农户对基层农技推广体系信息服务方式、内容及效果的满意度较低。同时,我国养殖技术推广还存在经费来源无保障、推广人员素质偏低以及科研、推广环节衔接不紧密等问题,进一步阻碍了养殖废弃物资源化利用技术的推广。

从市场角度来看,养殖废弃物本身具有资源属性,随着科技的发展,养殖废弃物逐渐被肥料化、能源化、基质化、饲料化等资源化利用,其市场价值也逐渐凸显。近年来,政府也多次强调通过建立市场机制,将养殖废弃物进行市场化、效益化运作,实现资源循环利用,解决环境污染问题。但是，当前我国养殖废弃物市场运作还处于起步阶段，存在诸多困境。一方面，虽然国家鼓励第三方环保企业为小型分散养殖地区养殖废弃物集中处理提供服务，但在实际中，养殖废弃物集中处理中心的建立存在选点难、供地难、管理难、监管难、成本高、筹资难等多重困境，导致第三方环保企业积极性不高，为中小规模养殖场提供养殖废弃物集中处理的服务模式较少。另一方面，由于养殖废弃物加工技术尚不成熟，市场上可提供的资源化产品品种较少，多为初级产品，其市场价值较低。而且，消费者对生态农产品的认可度较低，经由有机肥生产的产品没能实现优质优价，终端产品销路不畅。总体而言，当前我国养殖废弃物资源化利用市场化水平低、进程慢。

不可否认，以政府为主导的自上而下的政策体制和技术推广体系在激励养殖户采纳养殖废弃物资源化利用技术方面起到了重要作用，但是也存在政策设计和执行的缺陷以及"鞭长莫及"的职能空白，使现实效果与政策预期存在一定差距。而与市场接轨的现代化养殖废弃物资源化利用体系则远未健全，这只"无形之手"还不能形成有效的激励机制。事实上，在农村这样一个相对封闭的"熟人社会"，养殖户的技术采纳行为除受到政策和市场等外部因素的影响，还会受到嵌入在农村社会环境内部的社会资本的影响。社会资本可以弥补政府和市场在技术推广中的不足。社会资本在技术信息传递、分散技术风险、发挥示范作用等方面具有重要作用，有助于养殖户突破现有资源限制，改变其在采纳与不采纳农业技术之间的边界。同时，就养殖废弃物资源化利用技术而言，与其他养殖技术最大的区别在于，它具有典型的正外部性，采纳该技术获得的生态效益和社会效益远高于经济效益，这会导致私人收益小于社会收益，从而降低单个养殖户采纳养殖废弃物资源化利用技术的积极性。但整个社会生态效益和社会效益的提升有赖于大量养殖户的共同参与才能产生实质性的变化。这种情况下，个人选择与集体选择很容易出现冲突，致使集体行动陷入困境。而以社会网络、社会信任和社会规范为核心要素的社会资本正是解决集体行动困境的重要"利器"。社会资本可以将微观个体行为和宏观集体行为结合在一起，促进个体间的合作，从而有助于农业技术采纳中集体行动困境问题的解决。

那么，在实际中，社会资本能否真正激励养殖户采纳养殖废弃物资源化利用技术，其对养殖户采纳资源化利用技术的影响程度及方向如何？这种影响又是通过哪些机制发挥作用？如何通过培育社会资本构建养殖废弃物资源化利用技术采纳长效机制？这些问题是促使养殖户采纳资源化利用技术必须面对的现实问题。然而，当前社会资本对养殖户废弃物资源化利用技术采纳的理论分析和实证研究尚缺乏系统的探讨。因此，本书以社会资本为研究视角，以生猪养殖户为研究对象，深入探讨社会资本对养殖户废弃物资源化利用技术采纳的作用机理和影响效应，以期为构建资源化利用技术采纳的长效机制提供理论和实证依据。

基于上述分析，本书从我国畜牧业环境不断恶化的现实问题和养殖户作为农村环境治理责任主体的地位出发，以现实的迫切性和理论的必要性为基础，提出本书的科学问题，如图1-1所示。

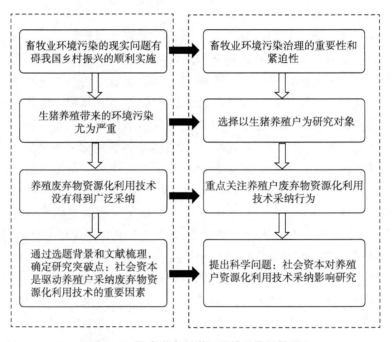

图1-1　提出本书科学问题的思维逻辑图

1.2　研究目的与意义

1.2.1　研究目的

本书瞄准畜禽养殖与环境污染治理的热点问题，运用多学科的研究方法，引入社会资本这个关键因子，在阐述养殖废弃物资源化利用技术采纳现状及阻碍、测度社会资本指数基础上，运用多种计量模型及方法，分析社会资本对养殖废弃物资源化利用技术采纳的影响机理，以发展和丰富本领域的研究成果，为农村环境治理相关政策制定提供科学依据。具体研究目的如下：

（1）阐释社会资本与养殖废弃物资源化利用技术采纳的理论机理。通过文献查阅，在社会资本理论、农户技术采纳理论、农业技术扩散理论的指导下，建立社会资本与养殖废弃物资源化利用技术采纳的理论分析框架，以阐释两者之间的关系。

（2）揭示养殖废弃物资源化利用技术采纳现状及存在的阻碍。利用实地调研数据深入剖析养殖户对养殖废弃物资源化利用技术的认知情况、采纳意愿、采纳行为和采纳绩效，进而揭示养殖废弃物资源化利用技术采纳过程中存在的阻碍。

（3）探究社会资本对养殖废弃物资源化利用技术采纳的作用路径。首先，构建社会资本指标体系，利用因子分析法对社会资本进行测度。其次，利用数理模型探究社会资本对养殖废弃物资源化利用技术采纳各阶段（技术认知、采纳意愿、采纳行为、采纳绩效）的影响和作用路径，以解析社会资本对养殖废弃物资源化利用技术采纳的作用机制。

（4）结合理论分析和实证研究的结论，提出提高养殖废弃物资源化利用技术采纳积极性的政策建议，为促进我国农村环境污染治理提供理论与实践依据。

1.2.2　研究意义

1.2.2.1　理论意义

（1）通过剖析社会资本与养殖废弃物资源化利用技术采纳之间的内在逻辑机理，建立比较科学的理论分析框架，以期丰富现有关于养殖废弃物资源化利用行为的研究，拓展社会资本理论的使用范围。

（2）通过对社会资本在养殖废弃物资源化利用技术采纳各阶段影响的实证分析，探讨社会资本对养殖废弃物资源化利用技术采纳的作用机理及影响路径，以期补充农业技术采纳行为理论的研究内容。

1.2.2.2　实践意义

（1）养殖废弃物资源化利用虽然是破解环境污染、实现畜牧业绿色发展的重要途径，但当前这类技术并没有得到广泛采纳，而社会资本可以弥补政府和市场在技术推广中的不足，在正式制度发展较薄弱的广大农村地区发挥重要作用。社会资本的作用主要体现在技术信息传递、分散技术风险、发挥示范作用等方面，有助于养殖户突破现有资源限制，改变其在采纳与不采纳资源化利用技术之间的边界。同时，社会资本还可以将微观个体行为和宏观集体行为结合在一起，促进个体间的合作，从而有助于解决资源化利用技术采纳中集体行动困境的问题。因此，深入探讨社会资本对养殖废弃物资源化利用技术采纳行为的影响机制和作用途径，对形成养殖废弃物资源化利用技术采纳长效机制，有效治理农村环境污染具有重要的现实意义。

（2）通过对养殖废弃物资源化利用技术认知、意愿、行为和绩效的实地调查，了解当前养殖户废弃物资源化利用技术采纳的真实状况，为更好地促进养殖户采纳废弃物资源化利用技术提供第一手资料，为政府相关政策制定提供现实基础。

1.3　国内外研究评述

1.3.1　关于养殖废弃物资源化利用的相关研究

国外有关养殖废弃物资源化利用的研究起步较早，20世纪70年代就有一些学者涉足这一领域。从20世纪90年代开始，针对养殖废弃物资源化利用的研究得到了国外学者们的广泛关注，而我国学者对养殖废弃物资源化利用的研究始于21世纪初，起步相对较晚，但近年来的研究数量增长较快。总体来看，国内外关于养殖废弃物资源化利用的研究主要包括养殖废弃物对环境的影响、资源化利用潜力、资源化利用模式和政策激励四个方面。

在养殖废弃物对环境的影响方面，学者们普遍认为养殖废弃物原本是一种极好的天然有机肥，若无足够的农田承载或未经处理直接排放，就会对大气、水体和土壤甚至对人畜健康造成一系列负面影响。国内学者测算了畜禽粪便排放量及土地承载力，潘丹（2016）利用2000—2012年鄱阳湖生态经济区24个县（市）的统计数据对畜禽粪便排放量和土壤环境承载力进行测算，结果表明该区的土地承载力处于21t/hm² 左右，警报值处于0.7左右，畜禽粪便已经开始对环境产生污染威胁。胡浩、郭利京（2011）根据土壤表观养分平衡理论（SSNB），推算了江苏省不同地区猪粪当量实际负荷量和适宜负荷量，并据此提出了单位耕地面积猪粪当量负荷警报值，用于检测该地区畜禽养殖数量对环境潜在的污染风险。

在养殖废弃物资源化利用潜力方面，养殖废弃物利用潜力巨大，资源化利用路径包括饲料化、肥料化、能源化和基质化，其中肥料化和能源化的应用较为广泛，利用潜力也较大。Münster M. 和 Lund H.（2010）基于能源系统的视角，从能源效率、二氧化碳减排、成本等方面比较了 8 种不同的农业废弃物能源化技术。结果表明农业废弃物具有巨大的能源潜力，建议充分利用这些农业废弃物生产沼气。Catelo 等（2001）通过对猪粪厌氧生产沼气和好氧堆肥的净现值和敏感性分别进行比较分析，结果显示厌氧生产沼气的方法是一种经济上更有效益的方法。赵俊伟、尹昌斌（2016）通过测算指出，如果养殖废弃物能够完全实现肥料化利用，则养殖废弃物中养分的化肥替代率达 60% 以上。张海成等（2012）通过构建农业废弃物沼气化利用潜力估算模型，估算出 2009 年全国的农业废弃物的沼气化利用潜力相当于 4.14 亿吨标准煤。

在养殖废弃物资源化模式方面，学者从不同的角度提出了不同的模式。姜海等（2015）从管理模式角度总结了当前我国养殖废弃物资源化利用的四种模式。它们分别是养殖企业主导型、有机肥企业主导型、种植企业主导型和政府（公益性处理中心）主导型。不同地区应根据种植业—养殖业发展情况、经济发展水平与政府污染治理能力、水环境状况与治理需求，因地制宜地选择管理模式。王子臣等（2015）、朱丽娜等（2013）从分散小型畜禽养殖场出发，探讨了由政府主导的集中收集处理养殖废弃物模式存在的问题以及政府、养殖户、养殖废弃物处理中心、种植户在这一过程中的定位。毛薇等（2016）从循环利用的角度总结了养殖废弃物资源化利用的三种模式。它们分别是农牧业有机结合模式，物联网+智慧养殖模式，主体小循环、园区中循环、区域大循环的模式。这些模式在种养结合基础上充分利用养殖废弃物，取得了较好的经济效益、生态效益和社会效益。因地制宜地优化种养结合结构，能有效促进养殖废弃物的资源化利用、改善生态环境、优化农牧结构、合理配置农牧业资源、增强畜牧业综合生产能力和增加农户收入。廖新俤（2017）总结了美国和德国对养殖废弃物利用的模式。其中，在美国没有养殖废弃物处理的概念，只有如何根据土地消纳能力进行粪污养分管理的概念。养殖废弃物中的养分全部在自身配备的农场或周边合作种植场进行利用。德国养殖废弃物主要用于制作沼气和肥料还田，同时对养殖废弃物有机肥的施用条件、施用时间、施用方法、使用量等均有操作性较强的规定。建议我国应借鉴但不生搬硬套欧美等国的经验，尽快通过种养结合方式实现养殖废弃物资源化利用。李金祥（2018）总结了京津冀地区开展的"畜禽养殖废弃物利用科技联合行动"中探索的6种养殖废弃物资源化利用模式，分别是种养结合就地利用、集中处理异地利用、能源转化循环利用、基质转化综合利用、深度处理达标排放和整县推进"链融体"。但现阶段仍处在"点"的辐射，尚未形成"面"的覆盖。从全国情况来看，虽然中央政府已经意识到通过种养结合实现养殖废弃物资源化的重要性，但地方政府对种养结合理念引导不足，在养殖废弃物肥料化利用中存在区域规划不合理，没有形成具有区域特点的典型养殖废弃物资源化利用模式等问题。

在政策规制与激励方面，日本在20世纪60年代就先后制定了7部与养殖废弃物管理相关的法律法规。荷兰政府制定了以废弃物资源化利用为主的技术政策，发布实施了相关的技术指南，这些技术都是基于"粪污营养物质综合利用"的系统物质循环理念。Koger等（2004）提出了运用机械化清理猪粪并用于制造沼气和肥料的"零污染循环生产系统"，以解决大型、集约化猪场的环境问题。Shortle和Dunn（1986）在考虑农户与管制机构之间的信息不对称性以及畜牧业污染物排放的随机性前提下，对畜牧业非点源污染减排的四类政策的相对效率进行比较后发现，在不考虑政策交易成本的情况下，基于投入的税收控制政策优于其他三种政策。姜海等（2016）认为，政府在养殖废弃物资源化利用中应同时扮演监督者、资源化利用组织者与服务购买者等"多重角色"，通过制定有效的激励政策将养殖废弃物资源化利用相关利益主体组织起来，重新构建种植业—养殖业关系，切实提高养殖废弃物资源化利用效率。同时政府也应大力发展传统种养结合的有机农业，加大补贴力度鼓励种植户施用粪肥和商品有机肥。加大养殖业生态补偿政策的宣传力度，扩大养殖户的受惠度，增加养殖废弃物资源化利用的比较收益，从而更好地激发农户自发地进行资源化利用。积极探索金融稳定支持体系，国家政策性金融部门要针对大中型沼气项目、热电联产项目、有机肥项目等养殖废弃物处理资源化利用项目提供必要的贷款，通过减免税收、参股投资等方式发挥财政资本的乘数效应扶持。

1.3.2　关于农户对绿色技术采用的相关研究

环境污染程度越来越重，各国对生态环境保护的关注程度也越来越高，学者们对农户绿色技术采纳的研究也越来越多。总体而言，国内外关于农户对绿色技术采用的相关研究主要包含影响因素和激励措施两部分。

在影响因素方面，Ezatollah 等（2014）认为，人类的不当行为是导致环境问题出现的重要原因，传统粗放的农业生产方式带来了水体、空气、土壤等环境污染问题和自然资源枯竭问题。世界各国和地区均制定了不同的农业环境保护和治理政策，但实际效果却并不明显。对此，有学者指出，农户作为农业生产经营的主体，其对绿色技术采纳的意愿和行为是推动技术扩散的核心，但是在很长一段时间，农户在环境保护中的价值却没有得到应有的重视。邓正华（2013）、周波和于冷（2010）认为，由于绿色技术往往存在风险性、外部性和复杂性，导致农户对该类技术的采纳率往往与预期不符，并且这种情况在发展中国家较为普遍。究竟是哪些因素影响了农户对绿色技术的采纳呢？针对这一问题，不同的学者给出了不同的答案。Fleming 和 Vanclay（2011）认为，信息不对称、采用成本、技术风险和外部性是导致农户对绿色技术的采用机理与其他传统农业生产技术不同的主要原因。彭新宇（2007）研究发现，生猪养殖户对养殖废弃物的认知、获取政府补贴及补贴量、参加养殖协会、饲养规模会显著正向影响生猪养殖户沼气技术采纳行为。仇焕广等（2012）通过建立 Logit 模型，对全国 5 省 601 个畜禽饲养农户的畜禽粪便处理方式的影响因素进行分析，结果表明环境污染治理政策、饲养规模、人均播种面积、收入水平会影响农户的畜禽粪便处理方式。潘丹、孔凡斌（2015）通过建立多变量 Probit 模型分析得出，产业组织、风险偏好程度、畜禽粪便环境影响认知、畜禽粪便人体健康影响认知以及畜禽粪便无害化处理意愿等是影响养殖户选择绿色畜禽粪便处理方式的重要因素。Quinn 和 Burbach（2008）研究结果表明，环境态度、道德约束、保护动机对农户采纳绿色技术具有重要影响。张郁（2015）研究了生猪养殖户家庭资源禀赋对生猪养殖户粪便无害化处理行为采纳的影响，结果表明，生猪养殖户对绿色技术的采纳是综合家庭资源禀赋所作出的理性选择。王桂霞、杨义风（2017）基于吉林省生猪养殖户的调研数据，分析了不同生猪养殖户废弃物资源化利用的影响因素。结果表明，不同规模养殖户粪便资源化利用的影响因素存在差异。乔娟、舒畅（2017）基于北京养猪场户的调查数据，采用 Heckman probit 选择模型的研究结果显示，获得补贴、参加合作社促使养殖户采纳资源化利用技术处理病死猪。宾幕容等（2017）基于湖南养殖农户调查样本，运用结构方程对养殖户畜禽养殖废弃物资源化利用技术采纳意愿进行实证研究，结果表明，感知有用性、感知易用性、感知经济性和主观规范会显著正向影响对农户畜禽养殖废弃物资源化利用技术采纳意愿。张童朝等（2019）基于利用冀鲁皖鄂四省农户调查数据，运用 Logistic 回归模型，从利他倾向和有限理性视角考察了农民秸秆还田技术采纳行为，结果显示，利他倾向和有限理性的提高均有利于促进农民采纳秸秆还田技术。颜廷武等（2017）利用安徽、山东等七省的农民调查数据，运用 Binary Logistic 模型对农民秸秆还田的决策行为的影响因素进行实证分析。结果显示，农民对秸秆还田福利认知水平、种植大户的示范带动作用是影响农户秸秆还田的重要因素。此外，年龄、性别、受教育程度、农业技术培训、风险偏好等因素也会影响农户对绿色技术的采纳。

在激励措施方面，一部分学者认为，作为"理性经济人"的农户，只有采纳绿色技术的预期收益高于预期成本，农户才会采纳这类技术。因而，给予农户经济补偿才是提高农户采纳绿色技术的有效途径。但是，García-Amado 等（2013）认为，经济激励虽然能够促使农户采纳绿色技术，但是这种刺激的作用是短期的，而且还会给国家财政和政府监管带来巨大的负担。经济激励使农户的绿色技术采纳行为与货币性收益联系在一起，虽能在短期内促进农户采纳绿色技术，但也在不断强化个体的利己行为，一旦补偿停止，这种技术采纳行为也很可能会停止。Lastra-Bravo 等（2015）也指出，长期来看，如果经济补偿金额不能持续提高，经济激励的效力会持续下降，农户是否会持续采纳绿色技术具有不确定性。李昊（2018）通过实证研究发现，经济补偿并不是激励农户农业环境保护行为的唯一路径，甚至不是经济意义上的帕累托最优选择。

1.3.3 关于社会资本的相关研究

"社会资本"最早的提出者是 Hanifan（1916），他认为社会资本是由社群中人与人之间的善意、互助和交往关系构成，并且它可以为社群中的人们提供信息并满足其需要。这一概念是基于社会学角度提出的，它强调社会资本是由人们之间长期交往形成的关系，人们可以从这种关系中获取资源。最先将"社会资本"引入经济学领域的是 Loury（1977）。他认为，社会资本是人们在获得有价值的技能过程中，由相互促进或帮助而自然产生的社会关系。Loury 和 Hanifan 定义的不同之处在于，前者限定了社会关系中成员的内涵。后来的学者在此基础上，对社会资本的定义进行了拓展，逐步形成了社会网络说、社会信任说、权威关系说、社会参与说等。

其中，社会网络说的代表人物，法国著名的社会学家 Pierre Bourdieu（1997）认为，社会资本是社会网络成员或群体所拥有的，能够为每一个成员提供支持的实际和潜在的资源总和。Baker（1990）认为，社会资本是特定群体中成员可以利用的资源，这些资源能够满足成员的利益。社会关系说强调，社会成员在长期交往中会形成社会网络关系，这种关系有助于成员获得有益的资源。权威关系说的代表人物，科尔曼（1990）在其出版的《社会理论的基础》一书中，认为每个人从一出生就拥有人力资本、物质资本和由自然人所处社会环境所构成的社会资本。社会资本由构成社会结构的要素构成，人们可以用自己拥有的一部分权利换取对他人资源的控制。也就是说，科尔曼强调社会资本的表现形式是人们对资源控制的权威关系。权威关系说强调，在网络成员交往中，拥有资源较多的个体将具有一定的权威，这种权威可以影响周围人的认知和行为。社会信任说的代表人物，美国社会学家 Putnam 认为，社会资本是社会组织的某种特征，这些特征包括信任、规范和公民参与网络，它们可以通过促进合作行动而提高社会效率。美国学者福山认为社会资本是包含互惠、信任等在内的社会成员共同遵守的非正式价值观和行为规范。林南（2001）认为，社会资本是以社会网络为基础，是嵌入在网络中的资源，而民间参与和普遍信任是从社会网络中产生的。他的研究遵循着"社会网络—民间参与—普遍信任"的范式。社会信任说强调，信任存在于社会网络成员间，是社会资本的关键因素。社会信任的存在使得人们之间的合作更加顺畅。社会参与说的代表人物，美国学者 Burts（2000）认为，个体通过加入社会网络，而具有了获取资源的能力，这种能力就是社会资本。社会参与说更多强调，个体的社会参与性。社会资本的作用主要通过社会成员的参与才能作用于经济生活。在我国，社会资本的研究虽然晚于国外，但学者们也对社会资本进行了界定。边燕杰（2004）认为，社会资本的本质是存在于社会行动者之间的可转移的关系网络资源。行动者必须通过关系网络才能运用这种资源。赵延东、罗家德（2005）将社会资本分为个体社会资本和集体社会资本。其中，个体社会资本包括个人的关系及关系中蕴含的资源；集体社会资本包括群体内部的关系网络、信任、促成集体行动的集体结构等。周红云（2004）在总结前人研究成果基础上，提出社会资本就是存在于特定共同体中的以信任、互惠和合作为主要特征的参与网络。

关于社会资本的类型，不同学者有不同的划分方法。Brown（1997）将社会资本划分为三个层次，分别是微观层次、中观层次和宏观层次。微观层次的社会资本考察的是个体、组织等社会实体通过外在连接，寻求信息交换、情感支持、交易机会等的支持性资源，并探讨怎样利用社会网络来利用这些资源，以实现某种目标。中观层次的社会资本主要探讨社会实体之间的连接和网络结构，如集体的结构形态、结构特质能获得的资源等。宏观层次的社会资本主要用于解释一个社会或国家经济和社会发展，观察社会系统中文化、规范、政治制度等如何影响彼此具有联系的社会实体的行为。Uphoff（2000）将社会资本划分为结构型和认知型。结构型社会资本主要表现为网络关系、任务和规则等，是一种外在的或可视化的要素；认知型社会资本是指嵌入在社会网络关系中的规范、价值观、态度等，是一种内在而抽象的表现形式。World Bank（2001）将社会资本分为黏结型社会资本、桥结型社会资本、联结型社会资本三类。黏结型社会资本主要存在于以地缘为基础的主体之间，是将亲戚、朋友、邻居等主体联结在一起的强关系；桥结型社会资本是指将社会地位相近的人联结起来的水平型联系；联结型社会资本是指将不同社会地位的社会主体联结起来的垂直型联系。Krishna（2000）将社会资本分为制度资本和关系资本两种类型。制度资本主要指各类正式的法律框架等；关系资本是指社会规范、宗教信仰、伦理道德等非正式的信念。可以看出，Krishna 提出的社会资本的范围更加宽泛，不仅包含了非正式制度还包含了正式制度，他认为在引导人们集体行动方面这两类资本均具有领导力和约束力。Adler（2002）将社会资本分为两类，即外部社会资本和内部社会资本。内部社会资本主要指组织内的规范、成员间的信任及合作；外部社会资本主要指组织与其他外部组织间的关系网络。

在社会资本功能方面，社会资本作为除人力资本和物质资本外的"第三种资本"，在社会实践活动中发挥着重大的作用。燕继荣（2006）认为，一个社会或组织的社会资本构成和性质，不仅能够影响个体和集体的行为，还能影响社会制度性安排和治理模式。汉斯·科曼（2005）认为，仅凭个人力量或国家调节无法解决许多集体行动问题，而社会资本的存在却使得问题的解决顺畅很多。Nee（1998）指出，社会资本是正式法律、规则的有效补充，能够对这些正式制度的效力产生一定的促进作用。与正式制度相比，社会资本能更有效地降低交易成本，从而提升组织绩效。林南（2005）指出，社会资本之所以能够增强行动效果主要在于社会资本能够促进信息流动，社会资本能够被组织确定为个人的信用证明，社会资本可以强化身份和社会认同感。

"社会资本"以其强大的解释力，受到了经济学、社会学、政治学等多个领域的广泛关注，学者们纷纷用它解释各自领域的现象。在经济学领域，经济学者们用社会资本解释收入分配、公共物品的合作供给、民间借贷行为等经济现象，并取得了较丰富的成果。在解释"三农"问题方面，社会资本也得到了学者们的青睐。在社会资本与农户借贷行为方面，杨明婉、张乐柱（2019）按照社会资本强度将社会资本划分为强关系社会资本和弱关系社会资本，研究了不同强度的社会资本对农户家庭借贷行为的影响。陈熹、陈帅（2018）运用定位法测量农户社会资本，研究结果表明，农户的社会资本质量与可能获得有效借贷机会呈正相关关系。在社会资本与农户创业方面，丁高洁、郭红东（2013）从社会资本网络规模和网络强度两个维度出发，考察了社会资本利用强度对创业者个人绩效和所创事业组织绩效的不同影响。张鑫等（2015）研究结果表明，社会资本的积累有助于创业农民对外融资的可得性的提升，从而丰富农民创业模式的选择。在社会资本与农村公共产品供给方面，王昕和陆迁（2014）利用 Heckman 样本选择模型，重点考察了社会资本对农户小型水利设施建设支付行为的影响。结果表明，社会资本是影响农户支付意愿的重要变量。蔡起华和朱玉春（2016）采用双栏模型，实证分析了社会资本和收入差距对农户参与小型农田水利设施维护的行为的影响。结果表明，社会资本对农户参与小型农田水利设施维护具有显著促进作用。在社会资本对农业合作社绩效影响方面，廖媛红（2011）探讨了社会资本的个体层面和集体层面与合作社绩效之间的关系。研究表明，社会资本的两个层面对合作社绩效的影响均有不确定性。戈锦文等（2016）的研究表明结构性社会资本对创新绩效具有直接影响，而认知性社会资本通过吸收能力间接影响合作社创新绩效。

1.3.4　关于社会资本与农业技术采纳的相关研究

已有研究表明社会资本对农户技术采纳具有重要作用。汪红梅、余振华（2009）认为，长期忽视社会资本在农业技术扩散中的作用是导致我国农户对农业技术需求不足的一个重要原因。社会资本在技术信息传递、分散技术风险、发挥示范作用等方面具有重要作用，因此充分利用社会资本是提高我国农业技术需求的有效途径。社会资本能够促进农户间合作行为的产生，有助于解决农业技术采用中的"集体行动困境"问题。张群（2012）认为，绿色技术的扩散中完全由市场机制运作或单纯依靠政府的技术推广都会带来技术扩散效率的低下，而社会资本却能弥补市场和政府在技术推广中的不足。社会资本对绿色技术扩散的作用机制在于社会资本有利于建立信心网络，减少风险和机会主义。在实证研究方面，Conley & Udry（2010）认为，农户由于信息来源有限，多数农户获取的信息是不完全的，而社会资本的存在使得农户能够通过关系网络进行技术的交流与学习，改善农户对技术的认知水平，从而提高技术采用效率。汪建、庄天慧（2015）利用贫困地区农户的调研数据，分析了农户社会资本的特征，并运用二元 Logistic 回归模型考察了社会资本对农户农业技术采纳意愿的影响。结果表明，社会资本对贫困区农户技术采纳意愿具有显著影响。佟大建、黄武（2018）运用二元 Probit 模型，考察了社会资本对稻农节水控制灌溉技术采纳行为的影响。研究结果表明，无论是结构型社会资本还是认知型社会资本都能显著促进稻农节水控制灌溉技术的采纳。郭铖、魏枫（2015）基于社会资本理论，利用宁夏、山西、山东三省（区）农户调查数据探讨了社会资本对农户技术采纳的影响。研究发现，社会资本有助于农户突破现有资源限制，促进农户的兼业行为，并改变农户在采纳与不采纳农业技术之间的边界。秦明等（2016）从村级和农户两个层面选取社会资本变量，实证分析社会资本对农户采纳测土配方施肥技术的影响。研究结果显示，社会资本有助于提高农户采纳测土配方施肥技术的意愿。

1.3.5 研究评述

国内外文献从不同的角度对养殖废弃物资源化利用、社会资本、绿色技术采用行为及其之间的关系进行了理论和实践探讨，取得了较为丰硕的成果，其理论和方法对本书具有重要的启发和借鉴意义，但仍有以下拓展空间：

（1）已有文献较为注重养殖户个体人力资本和物质资本对其采纳养殖废弃物资源化利用技术的影响，而将社会资本纳入分析框架并将其作为关键因素的研究较少。事实上，养殖废弃物资源化利用技术与其他养殖技术不同，其所带来的生态和社会环境的改善远大于农户经济收入的增加，而生态和社会环境的公共物品属性很容易导致"搭便车"的行为，带来集体行动的困境。因此，对养殖废弃物资源化利用技术采纳的研究除了考虑养殖户个体特征外，还应考虑养殖户与养殖户、养殖户与组织间的联系等社会资本因素的影响。

（2）对于绿色农业技术采用的研究，大多数学者注重单一环节的静态分析，而忽视了技术采纳本身是一个多阶段的动态过程这一事实。事实上，农户的技术采纳往往从技术认知开始，然后产生技术采纳意愿、采纳行为，再到对技术采纳绩效进行评价等几个阶段。在这一过程中，即使同一因素对不同采纳阶段的影响也可能存在差异，这一点没有引起学者们的足够重视。

（3）现有关于社会资本对农户行为的研究中，学者们关注较多的是社会资本对农户借贷行为的影响、对农户就业创业行为的影响、对农村公共产品供给行为的影响、对家庭收入的影响等方面，而对社会资本在农业技术采纳方面影响的关注则相对较少，尤其关于社会资本对养殖废弃物资源化利用技术采纳影响的研究就更为鲜见。

鉴于此，本书在吸收借鉴现有文献基础上，基于社会资本视角，对养殖户废弃物资源化利用技术采纳各个阶段进行深入分析，重点考察社会资本对养殖户废弃物资源化利用技术采纳不同阶段的影响机制和作用路径，以期为加快推进养殖废弃物资源化利用提供理论和实证支持。

1.4　研究思路与内容

1.4.1　研究思路

本书基于社会资本的视角，以吉林省畜牧大县生猪养殖户的实地调研数据为支撑，按照"技术认知—采纳意愿—采纳行为—采纳绩效"的分析框架展开，研究社会资本对养殖户废弃物资源化利用技术采纳的影响效应。首先，在梳理和借鉴相关理论和文献资料基础上，对社会资本影响养殖户废弃物资源化利用技术采纳的内在逻辑和机理进行理论阐释。其次，利用统计数据从理论上测算养殖废弃物资源化利用潜力；利用实地调研数据描述养殖户废弃物资源化利用技术采纳现状并总结存在的现实问题。再次，在对养殖户社会资本进行测度基础上，采纳多种数理模型分别实证分析社会资本对养殖户技术认知、技术采纳意愿、技术采纳行为、技术采纳绩效的影响。最后，结合前面的分析结果，提出激励养殖户采纳废弃物资源化利用技术的政策路径。

1.4.2　研究内容

（1）社会资本对养殖户技术采纳的影响机理
在对养殖废弃物资源化利用技术、养殖户废弃物资源化利用技术采纳、社会资本等核心概念进行界定和阐释的基础上，根据社会资本理论、农业技术扩散理论、农户技术采纳理论的指导，架构本书的理论分析框架，阐明社会资本对养殖户废弃物资源化利用技术采纳的影响机理，为本书奠定理论基础。

（2）养殖户废弃物资源化利用现状及阻碍

首先，从宏观视角梳理我国养殖废弃物资源化利用的历史演变历程及在分析我国生猪养殖业整体发展状况基础上，利用统计数据估算生猪养殖废弃物肥料化利用潜力和能源化利用潜力。其次，从微观视角利用吉林省生猪养殖户调研数据，从技术认知、技术采纳意愿、技术采纳行为、技术采纳绩效等方面分析当前养殖户对废弃物资源化利用技术采纳的现状，并总结养殖户在废弃物资源化利用技术采纳过程中存在的阻碍。

（3）社会资本对养殖户技术采纳的影响路径分析

第一，通过构建科学合理的社会资本测度指标体系，利用因子分析法对生猪养殖户社会资本及其各维度指数进行测度，并比较养殖废弃物资源化利用技术采用户和未采用户社会资本之间的差异。第二，基于吉林省生猪养殖户实地调查数据，以社会学习理论为依据，运用有序 Probit 模型探析社会资本各维度对养殖户废弃物资源化利用技术认知的影响。第三，以嵌入性社会结构理论为依据，运用结构方程模型探析社会资本各维度对养殖户废弃物资源化利用技术采纳意愿的影响路径，并分析社会资本在促进养殖户技术采用意愿中的直接作用和间接作用。同时，选取养殖规模、养殖户受教育水平为调节变量进行多群组分析，以验证理论模型在不同群体样本中的配适情况及养殖规模、养殖户受教育水平在不同路径中的影响差异。第四，在作用机制分析的基础上，运用二元 Logistic 模型重点探析社会资本及各维度对养殖户废弃物资源化利用技术采纳行为的影响，并阐释社会资本及各维度在促进养殖户技术采用行为中的边际效应。同时，将环境规制政策分为约束性政策和激励性政策两类，分别考察它们对社会资本及各维度与养殖户技术采纳行为关系的调节作用。第五，考察社会资本对养殖户废弃物资源化利用技术采纳绩效的影响。首先，将技术采纳绩效分为经济绩效、生态绩效、社会绩效三类，并揭示养殖户对这三类绩效的评价水平。其次，运用多元有序 Logistic 模型重点探析社会资本及各维度对养殖户技术采纳的绩效的影响。

（4）政策建议

总结概括出本书的主要结论。在此基础上提出充分利用社会资本的力量提高养殖户对养殖废弃物资源化利用技术采纳的积极性。

1.5 研究方法与技术路线

1.5.1 研究方法

（1）定性分析方法

本书使用的定性分析方法主要包括历史分析法、文献分析法、归纳与演绎法。运用历史分析法梳理我国养殖废弃物资源化利用的历史演变历程，并分析其演变的原因。运用文献分析法广泛收集关于社会资本及细分维度——社会网络、社会信任、社会规范的国内外文献，为本书研究奠定良好的基础。运用归纳与演绎法对本书的核心概念进行界定。

（2）统计分析方法

运用统计分析方法，整理实地调研中获取的生猪养殖户的相关数据，对其基本情况和养殖废弃物资源化利用技术采纳情况进行统计性描述，利用直观数据展现样本区养殖户废弃物资源化利用程度，进而发现养殖户在技术采纳过程存在的现实问题。

（3）计量分析方法

本书采用的主要计量方法包括因子分析法、有序 Probit 模型、结构方程模型、二元 Logistic 模型、多元有序 Logistic 模型。

第一，因子分析法。在借鉴相关文献的基础上，从社会网络、社会信任、社会规范三个维度选择社会资本的表征指标，采用因子分析法，测度与解析社会资本及其各维度的各种指数。

第二，有序 Probit 模型。由于养殖户对技术的认知包括认知广度和认知深度两个方面，在认知广度方面，根据养殖户知道的养殖废弃物资源化利用技术种类的多少分别赋值 1~5；在认知深度方面，根据养殖户对养殖废弃物资源化利用技术价值的认知程度分别赋值 1~5。由于因变量是一个有层次的变量，因此采用有序 Probit 模型进行回归。

第三，结构方程模型。考虑到社会资本对养殖户技术采纳意愿存在直接影响效应，也可能通过技术感知因素间接影响技术采用意愿，其影响路径还有待进一步检验，同时，技术感知、技术采纳意愿等因素具有难以直接测量和难以避免主观测量误差的基本特征。因此选择结构方程模型将养殖户社会资本、技术有用性感知、技术易用性感知纳入统一分析框架，以便观察影响作用大小并得到潜变量间的影响路径。

第四，二元 Logistic 模型、多元有序 Logistic 模型。因养殖户的技术采纳行为只有"已采纳"和"未采纳"两种情况，是一个典型的二元决策问题。因此，本书选用二元 Logistic 模型来分析社会资本对养殖户废弃物资源化利用技术采用行为的影响。另外，因养殖户对废弃物资源化利用技术采纳绩效的评价是根据调查的问题与养殖户自身情况感知的相符程度进行主观判断，对绩效评价的结果可以划分为三个层次：比较低、一般、比较高。因此，本书所用因变量属于多元有序变量，因此采用多元有序 Logistic 模型。

1.5.2 技术路线

本书按照"总体框架—理论分析—现状分析—实证研究—结论与建议"的路径来设计本书的技术路线。第一，在研究背景介绍基础上，提炼出本书的科学问题。第二，在文献梳理、理论学习基础上对养殖废弃物资源化利用技术、养殖户废弃物资源化利用技术采纳、社会资本等概念进行界定，并根据社会资本理论、农户技术采纳理论和农业技术扩散理论等理论构建理论框架。第三，查阅宏观统计数据，测算生猪养殖废弃物资源化利用潜力。设计实地调查问卷，对样本区域内养殖废弃物资源化利用技术采纳现状进行分析，总结存在现实的问题。第四，将养殖户废弃物资源化利用技术采纳过程划分为技术认知、采纳意愿、采纳行为、采纳绩效四个阶段，利用计量模型实证分析社会资本对养殖户技术采纳不同阶段的影响。第五，根据前面的分析总结本书的结论并提出相应的政策建议。具体技术路线如图 1-2 所示。

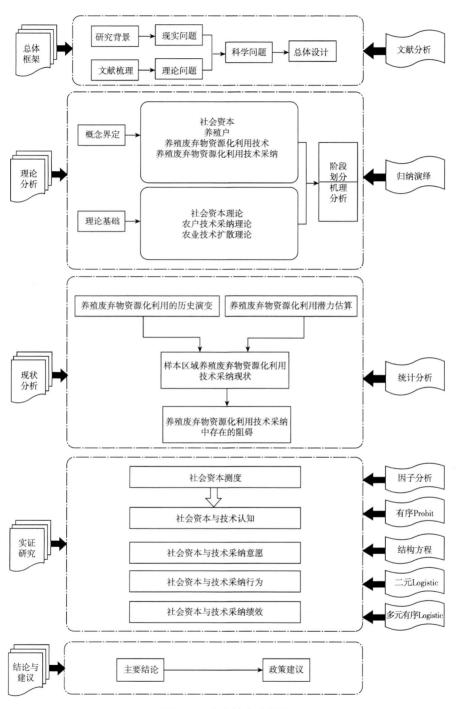

图1-2 本书技术路线图

1.6 可能的学术贡献

本书在微观调研数据和宏观统计数据基础上，引入社会资本概念，采用多种实证研究方法，探究社会资本影响养殖户采纳废弃物资源化利用技术的逻辑机理，试图解答社会资本如何影响养殖户废弃物资源化利用技术采纳、其影响程度及方向如何、这种影响又是通过哪些机制发挥作用、如何提高养殖户对废弃物资源化利用技术的采纳率等问题。本书可能的学术贡献如下：

第一，研究视角方面，现有研究多从人力资本、物资资本或环境规制视角对农户技术行为进行分析，而忽视了社会资本在这过程中的作用。事实上，养殖废弃物资源化利用技术除具有一般养殖技术的特征外，还具有典型的正外部性，容易导致"集体行动困境"，而蕴藏在农民群体内部的社会资本通过信息传递、示范效应、内部监督、互惠合作等可以有效解决这一困境。因此，本书以社会资本为研究视角，重点考察社会资本对养殖户废弃物资源化利用技术采纳的影响机理和作用路径，拓展了农户技术采纳行为的研究视角。

第二，研究内容方面：①区别于以往研究将农户技术采纳行为视为单一静态过程，本书将养殖废弃物资源化利用技术的采纳视为一个多阶段动态过程，通过整合 K&C 采纳过程模型、Spence 技术采纳过程模型、Rogers 创新决策过程模型将其划分为技术认知、技术采纳意愿、技术采纳行为、技术采纳绩效四个阶段，并分别考察社会资本在各个阶段的作用方向和影响效应。这使得本书能够深入农户技术采纳行为的"黑箱"，进而有助于揭示我国养殖户对废弃物资源化利用技术采纳的内在机理。②将社会资本与技术感知变量纳入同一框架中考察两者对养殖户技术采纳意愿的影响，并验证了技术感知在社会资本与养殖户技术采纳意愿间的中介作用。同时考察了不同养殖规模、不同受教育年限养殖户群体中上述影响的差异，为政府制定差异化激励措施提供实证依据。③本书在分析社会资本对养殖户技术采纳行为的影响时，考察了环境规制在上述两者间的调节作用。养殖废弃物资源化利用的正外部性，使得研究社会资本与养殖户技术采纳行为的关系时无法完全脱离政府环境规制的情景。而已有研究鲜有将环境规制政策和社会资本—技术采纳行为关系纳入同一框架分析。

第二章 理论机理

本章首先对养殖户、养殖废弃物资源化利用技术、养殖废弃物资源化利用技术采纳和社会资本等相关概念进行界定和解释；其次，结合本书内容对社会资本理论、农户技术采纳理论、农业技术扩散理论进行梳理和分析，为养殖废弃物资源化利用技术采纳研究提供理论基础；最后，阐释社会资本对养殖废弃物资源化利用技术采纳的作用机理，为后续章节的研究提供夯实的理论分析框架。

2.1 概念界定

2.1.1 养殖户

本书中所指的养殖户是指生活于中国农村地区，将大部分精力用于养殖业，具有一定生产决策行为选择能力。本书主要以生猪养殖户为样本户，即生猪的商品率较高，在家庭收入中生猪养殖的收入占有一定比重的微观经营主体。

2.1.2 养殖废弃物资源化利用技术

养殖废弃物是指畜禽养殖过程中产生的各种废气、废液和废渣，具体包括畜禽粪污、病死畜禽、废饲料、畜禽舍垫料等废弃物。但其中，畜禽粪污占比最大，其对生态环境的影响也最大。本书所指的养殖废弃物主要是畜禽粪污。其实，养殖废弃物本身具有多种可再利用的物质，如含有植物生长所需的氮、磷、钾等营养元素，有的还含有粗蛋白、粗脂肪和粗纤维等有机物质。若能进行科学处理并合理利用，则可以变废为宝。为解决养殖废弃物带来的环境问题、实现资源的循环利用，养殖废弃物资源化利用技术应运而生。养殖废弃物资源化利用技术是指能够将养殖废弃物进行科学无害化处理并合理应用于农业生产或其他方面的技术。

多年来，国内外养殖废弃物资源化利用技术取得较大的进展，逐步形成了肥料化技术、饲料化技术、能源化技术、基质化技术四大类（见图2-1）。

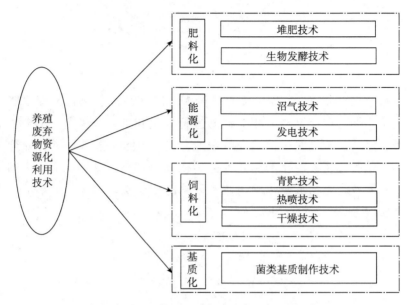

图 2-1　养殖废弃物资源化利用技术分类

（1）肥料化利用技术。养殖废弃物肥料化利用技术是指将养殖废弃物经过无害化处理后直接作为肥料或转化为商品有机肥料予以还田利用。粪肥或商品有机肥施入土壤后，可以提高土壤的肥力，进而提高农作物产量和质量。相关学者研究发现，有机肥可以增加土壤中胶体含量，使土壤内部形成水稳定团粒结构，这有利于提高土壤保持水分、保持肥效、调节土壤温度的能力。肥料化利用技术是目前各国最为常用的养殖废弃物资源化利用技术。该技术又可细分为堆肥技术和生物发酵技术两种。其中，堆肥技术主要通过建设化粪池等设施进行自然堆沤，达到杀灭粪污中病原微生物和寄生虫的目的，然后再将堆沤后的粪肥施用于农田中完成养殖废弃物的肥料化利用。堆肥技术的特点主要是操作过程较为简单方便，操作技术较容易掌握；粪污处理设备建设成本较低，养殖场负担较小。但需要注意的是，这种方式需要有足够的消纳用地，主要适用于散养户和小规模养殖场。生物发酵技术是指经过选用适宜的发酵微生物加入养殖废弃物中，对其进行高温发酵和无害化处理，并添加适量的复合微肥，制成精制商品有机肥料产品。这种方式的特点主要是操作工艺较复杂，处理设备的建设成本较高。因此，这种方式适用于大规模的养殖场或者第三方企业、处理中心集中处理和生产。

（2）能源化利用技术。能源化利用技术是指通过厌氧发酵，将养殖废弃物转化为生活和生产能源的技术。该技术主要包括发电技术、沼气技术。发电技术是将养殖废弃物以低污染的方式燃烧从而发电，与此同时，燃烧过程中的副产物——灰，又可作为一种肥料用于种植业。但这种技术在我国应用得不多。沼气技术是指在一定的温度、酸碱度和厌氧等条件下，养殖废弃物被微生物菌群所分解，从而产生混合性可燃气体的技术。从养殖废弃物到沼气通常会经历三个阶段，即液化—产酸—产甲烷。产生的沼气可以直接作为燃料也可以提纯成天然气，还可以用于发电。不同的沼气工程规模能处理的养殖废弃物量不同，沼气工程的建设投资额、工艺流程的复杂程度也不尽相同。另外，在生产沼气过程中产生的副产品——沼渣、沼液还可以直接作为肥料或通过好氧发酵生产高品质有机肥。但沼渣、沼液还田利用不应过量，否则会影响作物生长。

（3）饲料化利用技术。养殖废弃物中含有大量的粗纤维、粗蛋白、维生素及一些促进动物生长的因子，对养殖废弃物进行加工后便可制成饲料资源。当前，养殖废弃物的饲料化技术主要包括热喷法、青贮法、干燥法。热喷法主要是指将养殖废弃物进行消毒、除臭、热蒸、喷放处理以改变其结构和化学成分，使养殖废弃物的营养价值变得更高。青贮法是将作物秸秆或其他粗饲料与养殖废弃物混合青贮后饲喂牲畜。青贮后的饲料能够提高饲料的口感和蛋白转化效率。但是将养殖废弃物进行饲料化利用时应避免出现饲料中毒问题。由于养殖废弃物中含有病原微生物、残留的化学添加剂和抗生素等，作为饲料喂养牲口很可能因有害物质超标给动物的健康带来威胁，导致动物中毒。因此将养殖废弃物饲料化利用时必须做好防疫处理，避免病原菌的传染。

（4）基质化利用技术。养殖废弃物基质化是将经过发酵或高温处理后养殖废弃物与其他原料进行混合，制作成具有缓冲作用的全营养菌类栽培基质原料。这种基质具有成本低、肥效长等优点。但是，养殖废弃物基质化存在基质栽培标准化参数缺乏、重复利用率低等问题，实际应用效果有待提高。

从世界各国实践经验来看，肥料化利用技术和能源化利用技术应用最为广泛。从本书实际调研情况来看，受到自然资源禀赋、气温、设施设备建造成本等因素的影响，吉林省生猪养殖户采纳的养殖废弃物资源化利用技术主要是肥料化技术（堆肥技术、生物发酵技术）和能源化技术（沼气技术)。

2.1.3　养殖废弃物资源化利用技术采纳

农业技术采纳是指从农户第一次听说某项农业技术到最终采用并取得一定成效的过程。其他学者的相关研究也多次证实了该过程的现实存在。农户听说某项技术后，首先会通过各种渠道进一步了解这项技术，加深技术认知和兴趣，其次通过观察其他人实施这项技术的效果来形成自己是否采纳这项技术的意愿，然后真正实施该技术，最后对技术效果进行评价。为了对生猪养殖户废弃物资源化利用技术的采纳机制进行深入探讨，本书涉及的与养殖废弃物资源化利用技术采纳相关的概念主要包括技术认知、技术采纳意愿、技术采纳行为、技术采纳绩效评价四个方面。

2.1.3.1　技术认知

技术认知是指认知主体通过感知、理解、总结和体验等方式获取经验、方法和技能等知识，从而形成对某技术的了解。本书提出的养殖废弃物资源化利用技术认知是指养殖户通过各种渠道获得废弃物资源化利用技术相关信息并通过自身的理解形成对技术价值的感知。因此，本书所指技术认知不仅包括对技术数量的了解还包括对技术价值的感知程度。

2.1.3.2　技术采纳意愿

行为意愿也称行为意向，是指个体采取某种行为的主观概率判断。意愿是行为的基础，对行为有直接的影响。但是意愿并不完全等同于行为。意愿是行为主体是否有意向从事某行为的直接心理陈述，意愿是否能够真正转化为行为还受到能力、机会、资源禀赋等的限制，现实中意愿与行为背离的现象时有发生。同理，养殖户对废弃物资源化利用技术的采纳意愿不一定能转化为采纳行为，故本书将技术的采纳意愿与采纳行为进行区分。采纳意愿指养殖户是否愿意采纳养殖废弃物资源化利用技术的心理陈述，并不能说明其一定会表现出采纳行为。

2.1.3.3　技术采纳行为

本书所关注的技术采纳行为包含两种情况，即养殖户已经采纳养殖废弃物资源化利用技术和尚未采纳养殖废弃物资源化利用技术，是一个二元选择问题。

2.1.3.4　技术采纳绩效

养殖废弃物资源化利用技术采纳绩效本质上是养殖户采纳养殖废弃物资源化利用技术所带来的直接或间接的结果。养殖废弃物的资源化利用可以起到改善农村生态环境、节约资源、提高土壤肥力、减少化肥施用、提高农作物产量和质量等作用，具有生态、经济和社会的多重效益。因此，本书从生态、社会和经济三方面对技术采纳绩效进行评价。

2.1.4　社会资本

社会资本概念自产生之初就受到社会学、经济学等多学科学者的广泛讨论，学者们根据各自的研究领域和研究问题，界定了社会资本的概念。Bourdieu 从社会网络角度定义社会资本，社会资本的主要表现形式是社会网络，并且个人拥有的社会网络的规模对其获得的利益有一定程度影响。更进一步，科尔曼提出社会资本不仅仅是增加个人利益的手段，还在解决集体行动困境方面具有重要作用。此后，美国社会学家 Putnam 将社会资本引入公共政策领域，他指出社会资本是社会组织的信任、规范和公民参与网络等特征，这些特征主要通过促进合作行动而提高社会效率。在国内，张其仔（1999）将社会资本视作社会关系网络的一种独特形式，这种社会关系网络以社会成员之间的社会关系作为架构基础，将相同的文化背景与价值观作为行为准则，将提升社会群体的利益作为目标。钟涨宝等（2002）把社会资本定义为行动主体所动员的持有回报预期的社会结构资源。周建国（2005）认为，社会资本本身是一种镶嵌在社会结构或社会关系之中的资源，这种资源以信任、规范以及网络等多种形式存在，并且能够对人们的社会经济行动产生影响。

学者们对社会资本定义的侧重点有所不同，但总体来看，学者们在社会资本概念界定方面存在一些共识。第一，社会资本是一种具有社会结构性质的资源，它通过互惠、规范，降低信息交流成本，提高信任程度，以较低的成本促进集体价值的实现。第二，社会资本并不是一个孤立存在的概念，其内涵实质上是多个要素的结合体。基于以上分析，结合本书研究的目的将社会资本定义为：嵌入在农村社会结构中，以关系网络为基础，以关系网络成员长期交往互动产生的信任和规范为约束，能对个体行为产生影响，促进个体间互惠合作的资源。

因此，本书所指的社会资本是由社会网络、社会信任、社会规范三个要素组成。其中，社会网络是指养殖户存在于一定的网络结构中，每个养殖户在关系网络中都有自己的场域和支点，并占有一定的资源。社会信任是在网络成员长期交往互动中产生，基于这种信任关系，养殖户容易与他人或组织达成一致，促进互惠合作行为。这种信任不仅体现在人与人之间的"人际信任"，还体现在人对组织、政策的"非人际信任"。社会规范是养殖户间通过交往形成的社会契约，对养殖户个体行为进行内在监督和约束。社会规范通过社会非正式奖励（赞扬、良好的人际关系等）或制裁（被孤立、谴责等）对养殖户行为进行约束。

需要说明的是，社会资本有两类范畴。一类范畴对社会资本的界定是，社会资本是指私营企业、第三方组织、外商投资者等非政府方投入项目运营的资金，其全部的表现形式是货币和物质性的。如在 PPP 模式中的私人部门、民营资本等，与政府方相对应。另一类范畴对社会资本的界定为，社会资本是无形的，是以社会网络为依托的一种关系和资源。本书所提道的"社会资本"属于后者。

2.2　理论基础

2.2.1　社会资本理论

2.2.1.1　社会资本的主流理论观点

社会资本概念自提出以来就以其强大的解释力受到不同领域学者的关注，并广泛应用于各自的研究领域。社会资本最初的界定是在 20 世纪七八十年代，其代表人物主要是亚力山德罗·波茨、林南、罗纳德·伯特。这一时期对社会资本的研究主要以个人为中心，学者们将社会资本视为一种文化的资本或者是一种能够获得收益的投资性活动。20 世纪 90 年代学者们开始关注社会群体和网络中的社会资本。这一时期的代表人物主要有詹姆斯·科尔曼、皮埃尔·布迪厄和罗伯特·普特南。梳理社会资本理论发展过程中最具代表性的理论如下：

（1）布迪厄的社会资本理论。自 20 世纪 80 年代布迪厄首次系统提出社会资本概念和理论开始，社会资本理论逐渐受到学者们的关注。布迪厄对于社会资本的分析主要是关于社会资本与经济资本、文化资本、符号资本的相互转化关系。个体可以通过社会资本直接获取经济资源、增加自身的文化资本，与组织建立良好的关系，这就是那些经济资本和文化资本无差异从个体却拥有不同收益的原因。而社会资本的积累需要消耗个体的经济资本。关于如何测量个体拥有的社会资本，布迪厄认为可以从两个方面来测量，一是个体所拥有的且可以利用的关系网络的规模大小；二是关系网络中每个成员所占有的资本的多少。可见，布迪厄认为社会资本与社会网络关系密切，这一发现为社会资本测量提供了理论框架。但这一时期布迪厄的主要局限在于在最终分析时，把包括社会资本在内的每种类型资本都简化为经济资本，忽视了其他类型资本的特有属性。

（2）科尔曼的社会资本理论。美国社会学家詹姆斯·科尔曼认为资本有三种形态：第一种是与生俱来的人力资本；第二种是土地、货币等物质资本；第三种是个体所处的社会环境而构成的社会资本。社会资本是个人拥有的一种社会结构资源，其表现形式包括义务与期望、信息网络、规范与有效惩罚、权威关系、多功能社会组织和有意创建的社会组织。其中义务与期望是指当个体为他人提高服务后确信他人以后也会为他服务时，个体就拥有了社会资本。信息网络是指若个体能够从社会网络中获得有用的信息，那么这样的社会网络就是个体拥有的社会资本。规范与有效惩罚是指每个组织或团体都会形成自己的行动规范，它制约着组织中的每个成员，那些不遵守规范的人将会受到组织的惩罚（如被孤立、被驱逐出去等）。所以，规范就成为对个体影响的社会资本。权威关系是指由于权威关系的存在可以在解决组织内部矛盾时花费较少的交易费用。多功能社会组织和有意创建的社会组织主要是指社会资本本身具有"公共物品"的性质，容易出现"搭便车"的情况。通常，社会资本只是人们从事其他有目的行动的"副产品"。但是社会资本的社会保障和支持功能却是人力资本和物质资本无法替代的。

关于影响社会资本产生、保持和消亡的因素，科尔曼也进行了详细的分析。首先，社会网络的封闭性有助于信任、规范、权威和制裁等社会资本要素的建立和维持。其次，社会资本依赖于社会结构的稳定性，社会组织或社会关系的瓦解会使社会资本随之消亡。最后，意识形态会创造社会资本，主要原因是意识形态会把某种要求强加给其信仰者，使其按照组织的利益行动，而不考虑其自身的利益。

（3）普特南的社会资本理论。哈佛大学教授罗伯特·普特南使更多的学者关注到了社会资本。他提出，社会资本是社会组织的某些特征，这些特征如网络、规范和信任，它们可以促进合作并提高效率。社会资本是集体行动的关键，它有助于阻止人们不履行其义务和"搭便车"现象的出现。普特南在《使民主运转起来》一书中分析了信任、网络和互惠规范的作用及三者之间的关系。他指出，信任、网络和互惠规范都是生产性的社会资本，其中信任是社会资本重要的组成部分，而公民参与网络和互惠规范能够增加社会信任水平。信任、网络和互惠规范三者之间是相互加强的，它们能够促进合作的形成，并有效解决集体行动困境。普遍互惠有效地抑制了机会主义的产生。因此，大力发展社会资本可视为是解决集体行动困境的可行方法。

2.2.1.2 社会资本的属性

（1）社会属性

首先，社会资本以社会网络为载体，无论是社会信任还是社会规范都是由社会网络中个体间的长期交往而产生。很多情况下，个体间的互动交往主要是为满足社交需求而非经济利益。比如，以血缘关系为基础的亲戚间的互动；以地缘关系为基础的同乡、邻居之间的互动；以业缘关系为基础的同事之间的互动，其目的均是出于对情感的维护和友谊的培养，与经济利益关系不大。个体间通过长期重复的交往互动促进了彼此信任的产生和社会规范的形成，从而形成了群体的内部监督机制。

其次，社会网络和信任虽然能够影响个体的经济利益，但是这种影响不是直接产生的，更多的是通过改变个体认知与期望来改变个体行为，从而使个体获得收益。这也被称为社会资本经济效应的外部性特征。另外，社会资本并不存在于物质生产过程中，而存在于个体间交往过程中，因此，社会资本并不具备潜在的生产能力。同时，社会资本不能单独依附于某个个体，而会涉及社会网络中的众多个体。当网络中的个体减少，社会资本也会随之减少。

（2）经济属性

首先，社会资本具有投资性。社会资本和物质资本、人力资本类似是需要投资的，虽然投入的不一定是资金，但是投入时间和精力是必不可少的。社会网络中的个体通常会花时间和精力去稳固社会关系，希望能够积累更多的社会资本。社会网络的维护和拓展需要付出大量时间和精力；信任的培养更是需要投以情感和时间；社会规范的建立也是如此。因此，社会资本具有投资性。

其次，社会资本具有收益性。收益性是资本的基本属性，社会资本作为资本的一种形式同样具有收益性。社会资本的收益性主要体现在个体能够从社会网络、信任和规范中获取利益。具体而言，社会网络能够为网络成员提供信息资源、情感支持、资金支持等以弥补个体自身资源的不足。信任能够促进网络成员的合作，减低交易成本，促进互惠行为的发生。社会资本中包含的社会规范是群体成员在长期交往中反复博弈的结果。社会规范通过奖励遵守规范的个体、惩罚违反规范的个人来降低个体间信息不对称程度，从而提高经济效率。

最后，社会资本能够为投资人带来持续的增值。通常情况下，关系网络规模较大、社会声誉较高、个体其社会资本较丰富，个体能够利用社会资本获取更多的资源和机会。网络成员对规范遵守程度越高，采取统一行动的概率越大，实现经济利益最大化的可能性越高。那些社会气氛较好的国家，其运行成本通常较低。

2.2.1.3 社会资本理论对本书的启示

社会资本是与物质资本和人力资本并列的第三种资本，但是社会资本的社会保障和支持功能却是人力资本和物质资本无法替代的。社会资本是一个多维的概念，本身包含多种形式。社会资本可以促进合作以提高效率，它有利于阻止人们不履行其义务和"搭便车"现象的出现。社会资本通过改变个体认知与期望来改变个体行为。社会资本也是需要投资的，虽然投入的不一定是资金，但是投入时间和精力是必不可少的。养殖户在与他人长期交往互动中积累了社会资本，社会资本越丰富的养殖户获得的资源和机会越多。同一村域内的养殖户对规范的遵守程度越高，采取一致行动的概率越高。

2.2.2 农户技术采纳理论

主流经济学对技术采纳行为的研究是建立在"理性经济人"的假设基础上，而心理学和社会学的研究更侧重于认为大多数个体并非完全理性，也不是所有的行为都从自利的角度出发。显然，后者的逻辑更贴近人类行为的实际。因此，在对技术采纳行为的研究中加入心理和社会因素，能更加有效地分析养殖户在不确定条件下的行为决策。

2.2.2.1 技术采纳行为的经济学理论

（1）关于技术采纳行为的经济假设

经济学提出的影响农户技术采纳的重要假设主要包括利润最大化、效用最大化、风险最小化、技术效率优化四种。第一，追求经济利益最大化的农户在技术采纳时会寻求投入和产出之间的均衡点，只有净利润超过这一点的技术才会被采纳。第二，追求效用最大化的农户在做出技术采纳决策时会考虑劳作时间和闲暇时间的分配，即新技术在节省劳动力方面是否具有优势。第三，风险态度对农户的技术采纳决策具有重要影响，风险厌恶态度会抑制新技术的采纳及推广。在风险最小化的假设下，农户是否采纳某种新技术主要考虑该技术在经济上是否安全而不是利润最大。第四，在技术效率优化的假设下，农户是否采纳某种技术主要考虑该项技术的效率水平。不同的资源配置方式带来的技术效率和产出水平也不同。

（2）农户技术采纳的静态理论

技术采纳静态模型主要探讨在特定的时空条件下，农户是否会采纳新技术以及这一行为会受到哪些因素的影响。通常，技术采纳静态模型以生产函数表示，其影响因素主要包括经营规模、劳动力人数等资源禀赋，也包括风险、不确定性等无法直接观测的变量。静态模型中隐含着一个假设，即市场是完全竞争的并且农户的生产和消费决策具有独立性。但是，这一假设并不适合大多数发展中国家农村的实际情况。于是，有学者在研究农户技术采纳行为时，假定存在不完全因素和商品替代并假定引入新技术会导致生产函数的变化。在此模型中自变量包括家庭劳动力数量、雇佣劳动数量、资金投入数量、应用新技术的土地面积及其他外生变量。另外，静态模型还假设农户只采纳一项新技术且必须作出是否采纳的决策。然而大多数的实际情况是农户可能面临着的选择采纳多项技术或一项技术中的某一部分。

（3）农户技术采纳的动态理论

越来越多的学者研究发现，农户的技术采纳行为会随着时间的变化而改变。为此，农户技术采用的动态模型得到了广泛的应用。农户下期的采纳决策不仅受到资本积累的影响，还受到其他可观测变量变化的影响。农户可能随着认知的改变而改变技术采纳决策。农户的自我强加约束和财政约束都会随着时间的推移而不断降低。因此，技术采纳会在一定限度内不断增加。在技术采纳的初始阶段，农户只会采纳技术包中的一部分，随着自身认知的升级和不确定性的减少，农户才会采纳全部技术。

2.2.2.2　技术采纳行为的社会学理论

技术采纳的群体作用理论认为农户技术采纳决策受到农户个体和社会成员的双重影响。虽然，农户的技术采纳决策会受到其自身年龄、受教育程度、风险态度等的影响，但同时也会受到其所处社会网络中其他成员对该技术态度和采纳行为的影响。农户从听说某种新技术开始到最终决定是否采纳的过程中，可能会与邻居、亲戚、朋友等其他农户进行交流以获取更多的信息，并最终做出自己的判断。当然，这种互动取决于个体与社会成员之间的关系和联系程度。此外，还有些技术需要群体共同决策或行动，但是群体成员可能都有各自的利益诉求和价值判断，这些个人利益很可能与集体利益不一致，群体作用理论同样适用于这类情况。总之，群体作用理论在解释农户技术采纳行为的主要思想是，农户技术采纳行为既在个体水平上受到其他农户的影响，又在社会层面上受到群体行为的影响。

2.2.2.3　农户技术采纳理论对本书的启示

基于以上理论分析可知，农业技术采纳不是一个简单的静态过程而是一个多阶段的动态过程。同时，养殖户对废弃物资源化利用技术的采纳行为不但会受到个人特征、家庭禀赋、经营规模等个体因素的影响，还会受到社会群体的影响，养殖户所处社会网络中其他成员的态度和行为也会对其技术采纳行为产生重要影响。本书重点考察社会资本对养殖户废弃物资源化利用技术采纳的影响，以上理论为本书奠定了重要的理论基础。

2.2.3　农业技术扩散理论

农业技术扩散是一种模仿行为，少数农户在采纳新技术后会产生较好的效益，呈现出良好的示范作用，其他农户会竞相模仿先期采纳新技术的农户，由此该技术会通过一定的渠道在社会网络成员中进行传播。随着采纳该技术农户数量的增加，技术创新的扩散逐渐饱和，原有的技术会被新的技术所淘汰。据此，技术采纳者可以划分为创新者、早期采纳者、早期大多数、后期大多数和落后者。经典的技术扩散模型包括钟形技术扩散曲线和S形技术扩散曲线。

2.2.3.1 钟形技术扩散曲线

技术扩散过程中的主要因素包括创新、传播渠道、时间以及社会系统。钟形技术扩散曲线也称为技术扩散速度模型，如果以时间为横坐标、以技术采纳人数增长速度为纵坐标，技术扩散的速度在时间轴上呈现先上升后下降的趋势，呈现钟形结构（见图2-2）。钟形模型认为技术扩散是一个模仿的过程，技术传播的主要途径为大众传播媒介与口头交流。根据钟形结构技术扩散过程可以划分为突破阶段、关键阶段、自我推动阶段和波峰减退阶段四个阶段。在突破阶段，采纳新技术需要承担一定的风险，仅有少数农户采纳新技术，技术扩散的速度较慢；在关键阶段，新技术初见成效，较多的农户认可这一技术，采纳技术的人数增长速度逐渐增加；在自我推动阶段，新技术效果被更多数人所认可，新技术采纳人数增长速度达到最高值；在波峰减退阶段，新技术已经被绝大多数人采用，人数增加的空间不大，而且更新的技术已经出现，此时采纳该技术的人数增长速度不断降低。

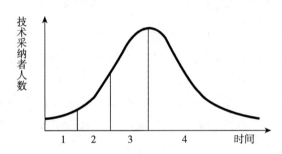

1. 突破阶段；2. 关键阶段；3. 自我推动阶段；4. 波峰减退阶段

图2-2 钟形技术扩散曲线

2.2.3.2 S形技术扩散曲线

S形技术扩散曲线又称技术扩散数量模型，以时间为横坐标、以新技术采纳者总人数为纵坐标，通常画出的技术扩散曲线则呈现S形（见图2-3）。技术采纳早期由于效果不确定，采纳人数相对较少；随着新技术效果不断凸显，采纳人数大量增加，曲线斜率逐渐变大；随着技术采纳人数的增加以及更新技术的出现，农户采纳该技术的热情逐渐减缓，曲线斜率逐渐减小；最终采纳农户数量不再增加，曲线趋于平缓。S形曲线表示在没有政府技术干预和推广等外部力量的作用下，新技术采用决策完全取决于农户间的人际交流。

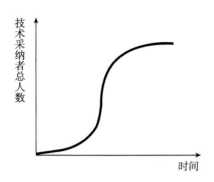

图 2-3　S 形技术扩散曲线

2.2.3.3　农业技术扩散理论对本书的启示

从以上分析可以看出，无论是钟形技术扩散曲线还是 S 形技术扩散曲线，都反映了技术扩散由慢到快再到慢的过程。养殖废弃物资源化利用技术作为一种能够缓解畜禽养殖对环境污染的绿色技术，也适用于技术扩散理论。目前，我国的养殖废弃物资源化利用技术正处于钟形技术扩散曲线中的"关键阶段"，如何让更多的养殖户认识到养殖废弃物资源化利用技术的价值，尽快进入技术扩散的"自我推动阶段"，对加快我国生态文明建设具有重要意义。

2.3　社会资本对农户技术采纳的影响机理

2.3.1　农户技术采纳阶段划分

2.3.1.1　个体技术采纳过程划分的主要模型

农户对农业技术的采纳主要是指农户在对农业技术了解、评价、掌握后再将其应用到农业生产中的动态过程。从微观来看，农户的技术采用过程表现为农户个体行为改变的过程；从宏观来看，农户技术采用过程表现为技术采用人数和采用规模的逐步增加。关于个体技术采纳过程的模型主要有 K&C 采纳过程模型、Spence 技术采纳过程模型和 Rogers 创新决策过程模型。

（1）K&C 采纳过程模型

K&C 采纳过程模型又称为象征性采纳过程模型，由 Klonglan 和 Cowad 在 1970 年提出。他们认为，一项创新必然涉及概念和载体两个要素，概念对应个体的象征性行为，载体对应个体的实际行为。个体在尝试一项创新前必须首先在观念与思想上接受其概念，这就发生了象征性接受行为。个人通过收集信息作出评价后，会对创新概念产生心理上的采纳，最终可能导致实际采纳行为的发生。具体而言，象征性采纳过程包括五个阶段，分别是认知阶段、信息阶段、评价阶段、尝试阶段和采纳阶段（见图 2-4）。在对创新进行评价后，个体可能会表现为象征拒绝或象征采纳。若是表现出象征采纳行为则就是进入尝试阶段，经过尝试个体同样会做出两种选择：一是尝试后决定采纳，则发生最终采纳行为；二是尝试后效果与期望不符，从而导致拒绝采纳。

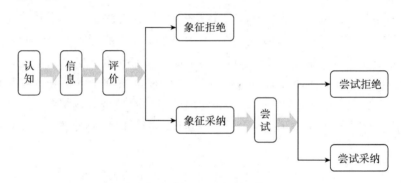

图 2-4 K&C 采纳过程模型

（2）Spence 技术采纳过程模型

Spence 技术采纳过程模型认为个体的技术采纳要经历认知—兴趣—评价—尝试—满意五个阶段（见图 2-5）。前三个阶段与 K&C 采纳过程模型相似，认为个体首先要收集技术的相关信息形成对某技术的初步认知并产生兴趣，然后对这一技术的作用、特点等进行评价，之后会小规模尝试采纳该技术。与 K&C 采纳过程模型不同的是，Spence 技术采纳过程模型在尝试阶段后加入了个体的满意度判断。若个体经过尝试后感觉各方面满意就会进一步采纳该技术；若个体尝试后由于各种原因对这一技术不满意就会拒绝进一步采纳这一技术或者寻找其他可替代的技术。

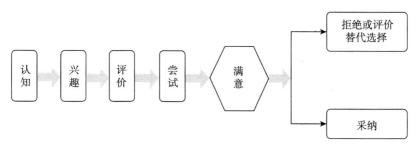

图 2-5　Spence 技术采纳过程模型

（3）Rogers 创新决策过程模型

Rogers 创新决策过程模型认为，个体采纳创新的过程是一个从"认知"开始到"最终确认"为止的一个过程。这一过程包含五个阶段，但并不是每一项技术创新的采用过程都是严格按顺序经过这五个阶段的，在实践中，个体的决策可能会跨越一个或多个阶段。这五个阶段分别是"认知—说服—决策—实施—确认"（见图 2-6）。认知阶段中，个体通过一定的途径对某一技术的名字、作用等有了初步的了解；说服阶段中，个体会主动搜寻该技术的相关信息，如向亲朋好友、农技人员、村干部等询问该技术的操作方法、使用条件等以获取更多信息，尽量降低技术采纳风险；决策阶段中，个体根据前期获得的信息在心里做出采纳与否的决策；实施阶段中，个体会将该技术应用于实践，以检验其效果；确认阶段中，个体会对实施阶段的效果、对自家的适用性等方面进行评价，从而对技术采纳的最终的评价。

图 2-6　Rogers 创新决策过程模型

2.3.1.2　养殖废弃物资源化利用技术采纳阶段划分

结合养殖户对废弃物资源化利用技术采用的具体特征，在借鉴上述采用过程模型基础上，本书将养殖废弃物资源化利用技术采用过程划分为技术认知、采纳意愿、采纳行为、采纳绩效四个阶段（见图 2-7）。具体而言，首先养殖户需要对养殖废弃物资源化利用技术的种类、作用等有所了解，具备一定的认知水平，在对技术感兴趣的情况下会在心里产生是否采纳的意愿，在衡量技术的实际可操作性后会产生是否采纳的行为，最后对实际采纳该技术的绩效进行评估和确认。

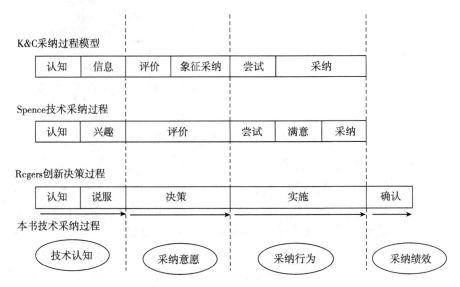

图 2-7　养殖废弃物资源化利用技术采纳阶段划分

需要说明的是,本书将养殖废弃物资源化利用的采纳过程视为一种线性过程,但实际上这个过程可能并不是单向和线性的,可能更为复杂和往复,养殖户可能会跨越一些前期阶段,直接进入靠后的阶段。比如,养殖户对废弃物资源化利用技术的采纳意愿并不必然是其采纳行为的先决条件,这一点在其他技术采纳的研究中也多次被证实。但是本书研究的目的是探寻影响养殖废弃物资源化利用技术采纳不同阶段的关键因素,因此,为了简化,本书在借鉴相关理论基础上将养殖废弃物资源化利用技术采纳划分为不同阶段而分别处理,重点揭示社会资本在养殖废弃物资源化利用技术采纳不同阶段的影响作用。

2.3.2　社会资本对技术采纳行为的作用机制

农业技术由产生到被大多数农户采纳要经历一个由众多主体参与、在时间和空间上变异的复杂过程,这一过程受到社会关系的深刻影响。社会资本作为一种嵌入在社会关系中的资源必然对养殖废弃物资源化利用技术采纳行为产生重要影响。本书界定的社会资本包括社会网络、社会信任和社会规范三个维度,它们对养殖废弃物资源化利用技术采纳的作用机制不同。具体的影响机理如下:

2.3.2.1 社会网络与养殖户资源化利用技术采纳

在农村这样一个半封闭的社区中，农户通常被血缘、亲缘、地缘、业缘关系联系到一起，这些纵横交错的关系会形成一个无形的社会网络关系。在这一网络中，每个农民都是一个"网络节点"，社会网络的宽度和稳定性对农户的认知与决策产生重要影响。对于信息获取渠道有限的农户，社会网络无疑是他们获取技术信息的重要渠道。尤其在政府技术推广服务供给不足的农村地区，社会网络的密集度高、传播路径短的特征，使其在农户的技术采纳行为中扮演着重要角色。具体而言，社会网络主要通过两种机制对养殖户废弃物资源化利用技术采纳行为产生影响：

（1）信息传递机制。信息获取对农户采纳新技术至关重要，社会网络能够为农户获取新技术信息提供重要保障。新技术采纳初期，由于认知渠道有限、不完全信息和新技术效果的不确定性，大部分农户往往不会轻易采用新技术。而社会网络中亲朋好友、邻居等之间的交流互动则为新技术信息、市场信息和政策信息的传播提供了便利条件，从而加快了这些信息的扩散速度，缩短了农户信息搜寻时间，极大地降低了信息成本。随着网络中采纳新技术农户的增多，新技术采纳者会向先期采纳者学习，相互交流经验并获取有效的技术指导。进一步的互动学习增加了农户对新技术的知识积累，改变了农户对新技术的认知，促进了技术的应用。在养殖废弃物资源化利用技术采纳过程中，养殖户通过与亲友、邻居、村干部等网络成员的交流和互相学习，能够有效获取养殖废弃物资源化利用技术信息、相关政策信息及市场信息，这将大幅减少信息不对称，降低技术采纳过程中的交易成本，提高资源利用效率，进而对养殖户废弃物资源化利用技术采纳行为产生积极促进作用。

（2）互惠互助机制。技术的采纳常常需要投入较高的初始成本，这对农户的技术采纳行为产生一定阻碍作用。社会网络的存在使得农户可以快速、低成本地从亲朋好友处获取资金或实物的帮助，大大缓解了农户技术采纳中资本不足的问题，这将有效促进采用意愿向实际采用行为的转化。在养殖废弃物资源化利用技术采纳过程中，养殖户需要建造或购置相应的设施设备，例如养殖废弃物的肥料化利用需要建造化粪池、三级沉淀或三级曝气设施；能源化利用需要建造沼气池等。这些设施的规模和功能不同，建造成本也不同，通常规模越大、功能越强设施建造成本越高。当养殖户因缺少设施建造资金而无法应用养殖废弃物资源化利用技术时，可以寻求亲朋好友的帮助，而且社会网络越发达的养殖户获得信贷帮助的能力越强。社会网络促进了养殖户间的互惠合作。

2.3.2.2 社会信任与养殖户资源化利用技术采纳

长期生活在同一村域的农户彼此往来较多，频繁的互动使农户间较为熟悉，容易形成社会信任。社会信任能使农户之间对未来有一个明确的预期，容易达成互惠合作。社会信任主要通过两种机制对养殖户废弃物资源化利用技术采纳产生影响：

（1）信息共享机制。信任是信息共享机制的基础性因素，有利于降低信息成本。社会信任的存在意味着农户更愿意将自己知道的信息传递给其他人，也更容易接受其他人的建议，来修正自己决策的偏差。虽然养殖户间经常分享养殖废弃物资源化利用技术信息，但采纳技术的效果具有一定的不确定性。在养殖废弃物资源化利用技术信息传播过程中，没有采纳该技术的养殖户会不断观察已采纳该技术者的技术采纳效果，从而做出自己的采纳决策。在这期间养殖户需要为证实技术信息的可靠性付出成本。若养殖户间缺乏信任，则未采纳养殖废弃物资源化利用技术的养殖户会为证实技术信息的可靠性付出较高的成本。相反，若养殖户间彼此信任则可以大大降低农户信息确认成本，从而提高技术采纳可能性。

（2）声誉激励机制。农村社区相对封闭，社会关系网络相互交错，农户间熟悉度和依存度较高。农户间长期交往形成的重复博弈和关联博弈，使得声誉激励机制在农村地区发挥着重要作用。声誉本身是一种隐性合约和私人执行机制，良好的声誉会提高社会信任水平。为了获得或维持良好的声誉农户会表现出更多的互惠合作行为，在做出行为决策时也会更多地考虑其他人的感受和态度，并且担心自我不合群行为会因损坏其在村中的面子和名声而招致"社会性惩罚"。在养殖废弃物处置方面，随意丢弃养殖废弃物会给环境造成极大的破坏，还容易导致邻里矛盾，具有很强的负外部性，会对养殖户的声誉造成很大的损失。良好声誉的建立需要很长时间，但毁掉声誉却很容易。因此，声誉机制的存在能够有效降低养殖户的机会主义心理，激励养殖户采纳废弃物资源化利用技术综合利用养殖废弃物，而不是将其随意丢弃。养殖户对声誉的关注度越高，越倾向于采纳养殖废弃物资源化利用技术。

2.3.2.3 社会规范与养殖户资源化利用技术采纳

农民是一群长期依附于固定的土地，并以村落的形式自然交织在一起的群体。他们的地域流动性相对较小，农户间的交往受血缘和地缘的影响较大，所处的社会网络更加稳定。社会规范正是在这种稳定的社会网络中得以培育和传承。社会规范是社会成员间通过交往形成的社会契约，对个体行为产生内在监督和约束。由此，社会规范必然会影响农户的技术采纳行为。具体而言，社会规范主要通过两种机制对养殖户废弃物资源化利用技术采纳产生影响：

（1）风险共担机制。社会规范中描述性规范对农户行为的影响在于，农户总会参照周围大多数人的行为而做出自己的行为决策。因为模仿周围多数人的行为而行事是最安全的行为选择，这样的行为决策无须进行价值判断便可以与多数人形成风险共担，最终一定地域内农户的行为结果表现出一定的趋同性。对养殖户而言，当他看到周围大多数人采纳了养殖废弃物资源化利用技术，会促使参照这些人的做法而采纳该技术。

（2）非正式奖惩机制。社会规范中命令性规范会以非正式奖励或惩罚的方式对农户的行为决策产生影响。非正式的惩罚主要包括孤立、谴责、不合作等；非正式的奖励主要包括认可、尊重、赞扬等。若农户的行为决策与群体中大多数人赞成的行为一致，则农户就会获得群体的非正式奖励；反之，农户则会受到群体的非正式惩罚。这就形成了农民群体内部的监督与约束机制。对养殖户而言，当村中大多数人都赞成养殖废弃物资源化利用的做法，为获得周围人的认可、赞扬等社会奖励，或为了避免孤立、谴责等社会惩罚，也为了向他人发出未来合作意愿的信号，养殖户会提高采纳废弃物资源化利用技术的概率。同时，养殖户也会自发地对群体中其他成员的行为进行监督，对随意排放养殖废弃物的养殖户施以非正式惩罚，从而促使群体成员做出更有利于集体利益的行为决策。

基于以上分析，社会资本对养殖户废弃物资源化利用技术采纳的影响机理如图2-8所示。

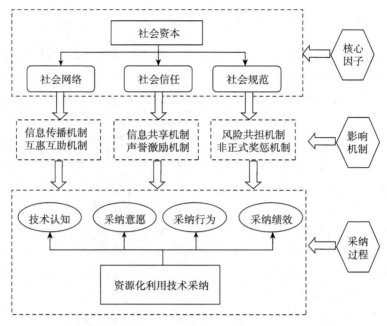

图2-8　社会资本对养殖户资源化利用技术采纳的影响机理

2.4　本章小结

本章界定了养殖户、养殖废弃物资源化利用技术、养殖废弃物资源化利用技术采纳、社会资本等相关概念的内涵，并在社会资本理论、农户技术采纳理论、农业技术扩散理论等理论体系的指导下，将养殖户对废弃物资源化利用技术采纳划分为不同过程，阐明了社会资本对养殖户技术采纳的作用机理。本书的第五章至第八章将在对养殖户废弃物资源化利用技术采纳现状分析和社会资本测度基础上，以本章构建的理论机理为依据分别考察社会资本对养殖户废弃物资源化利用技术认知、技术采纳意愿、技术采纳行为、技术采纳绩效的影响方向和路径。

第三章 农户技术采纳现状及阻碍

第二章对本书中的主要概念、理论基础和理论机理进行了详细的阐述，本章首先梳理我国养殖废弃物资源化利用的历史演变过程；其次，对我国养殖废弃物资源化利用潜力进行测算；再次，基于实地调研数据描述调研区养殖户废弃物资源化利用技术采纳现状；最后，在上述基础上总结养殖废弃物资源化利用过程中存在的主要问题，为后续研究提供现实依据。

3.1 养殖废弃物资源化利用的历史演变

在我国，养殖废弃物资源化利用尤其是肥料化利用由来已久，很早人们就发现养殖废弃物是非常好的种植业肥料，逐渐种植业和养殖业形成了紧密的连接。随着化肥工业的发展，种植业对养殖业的依赖程度大大降低，与此同时，养殖业开始规模化发展，养殖废弃物的排放量和排放密度大幅增加。种植业和养殖业的分离程度越来越高，大量的畜禽粪污变成了废弃物。为解决养殖废弃物对环境的污染问题，废弃物资源化利用途径不再局限于肥料化，还扩展到能源化、饲料化、基质化利用等方面。总体来看，我国养殖废弃物资源化利用主要经历了以下四个阶段。

3.1.1 探索利用阶段（1949 年以前）

当人类将暂时吃不完的活野兽放在天然地洞内或圈以栅栏进行驯化的时候，原始畜牧业开始形成。到了夏、商、周时期，畜牧业开始在社会经济中占有一定的地位。在这一时期，牲畜的圈养作为放牧的补充形式已基本形成。春秋战国时期，人们对于肥料土壤有了一定的研究，对养殖废弃物（尤其是猪粪）的肥料化作用评价较高。当时人们已经意识到畜牧业与种植业可以相互促进并可增加财富。如《管子·七法》中提道："地不辟，则六畜不育，则国贫而用不足。"在汉代，虽然牲畜的饲养方式仍以放牧为主，但是舍饲与放牧相结合的方式也在许多地区开始实行。舍饲为积肥创造了条件，农民将猪圈和厕所建在一起的，让猪吃人的粪污，再将猪粪还田，既有利于积肥，又有利于作物的生长。魏、晋、南北朝以后，舍饲与放牧相结合的方式逐渐代替了以放牧为主的饲养方式，进一步促进了养殖废弃物的资源化利用。《荀子·富国篇》中的"多粪肥田"、《齐民要术》中的"踏粪法"、《农政全书》中的圈养积肥等都属于传统养殖废弃物资源化利用方法。

新中国成立以前，人们对养殖废弃物的资源化作用有了初步的认识。由于这一时期牲畜养殖的主要目的是为打仗、交通、耕田等提供动力，并且在资金、土地制度和社会制度的限制下民间养殖规模普遍较小，因此，人们对养殖废弃物的资源化利用尚属于探索阶段。

3.1.2　积极利用阶段（1949—1977年）

新中国成立初期，广大人民群众的温饱问题是当时急需解决的头等大事，国家制定了"以粮为纲"优先发展粮食生产的政策方针。但是当时的工业生产技术水平有限，化肥的产量根本无法满足粮食生产的需求。为解决这一问题，政务院于1952年颁布的《关于1952年农业生产的决定》中明确提出"增施肥料是当前提高单位面积产量可能而且最有效的办法""在目前积肥最有效的办法就是养猪""各级政府要领导农民迅速地做到'家家养猪，修圈积肥'"。1954—1957年，国家连续四年出台关于鼓励广大农户和合作社集体养猪积肥的政策文件，提出养猪实行"私有、私养、公助"总体方针。在坚持生猪私养为主的同时，国家也通过给予合作社社员更多的自留地以发展养猪业。1957年全国人大常委会第七十六次会议决定，农业生产合作社可以按照每户社员养猪头数的多少分配给社员种植猪饲料的土地。为进一步鼓励各地方养畜积肥，1959年毛泽东同志在《关于发展养猪业的一封信》中把一头猪比喻成一个小型化肥厂，强调只要能做到"一人一猪，一亩一猪"就可以解决肥料来源问题，而且这种肥料比无机化学肥料优胜十倍。同年下发的《中共中央国务院关于今冬明春继续开展大规模兴修水利和积肥运动的指示》指出，各地应该根据明年增产计划对肥料的要求，制订积肥、造肥计划，发动群众，迅速掀起积肥、造肥运动。在人民公社运动时期，社员私养畜禽产生的粪肥要按规定数量上交生产队，如果还有剩余才可以用于自家田地中。

总之，这一时期化肥生产能力不足，国家充分认识到了畜禽粪肥对种植业生产的重要性，通过一系列政策鼓励家家养畜、户户积肥、多积肥、积好肥用于农业生产。但由于当时的养殖技术、饲料供应、配套设备等较落后，畜禽粪肥经常出现供不应求的情况。可以说，这一阶段畜禽养殖业（尤其生猪养殖）的发展主要是为种植业服务的，养殖业和种植业的连接非常紧密，形成了"猪多—肥多—粮多—猪多"的良性循环，农民对利用粪肥的积极性非常高。

3.1.3　辅助利用阶段（1978—1999 年）

改革开放以后，特别是市场经济的逐步深入，我国各方面都呈现飞速发展的势头。在国家政策的支持下化肥产量迅速提高，从氮肥、磷肥、钾肥到复混肥料，种类日渐繁多。20 世纪 70 年代，我国种植业肥料是以粪肥为主、粪肥与化肥配合施用为辅的阶段。此后，化肥的增产效果很快显现出来，成为种植户的首选。粪肥因其见效慢、程序麻烦、有恶臭等特点渐渐被多数农户放弃使用。到了 1980 年以后，我国进入了以化肥为主、有机肥（粪肥）与化肥配合施用为辅的阶段。这一时期家畜粪污作为农田肥料的作用明显弱化，但人们对畜产品的需求逐渐提高。因此，畜禽养殖被重新定位，由主要为种植业服务的家庭副业，转变为满足人们畜产品需求的专业产业，并逐渐成为农业的重要支柱产业。从 1979 年起，我国相继出台了《中共中央关于加快农业发展若干问题的决定》《关于加速发展畜牧业的报告》《关于进一步活跃农村经济的十项政策》等政策文件和"菜篮子"工程的建设意见，鼓励家庭养畜，赋予农民生产经营自主权，为养殖户提供土地、资金等方面的优惠。同时注重培育养殖专业户、兴办大型养殖企业，发展规模养殖。据统计，1997 年底全国大中型畜禽养殖场已达 1.4 万个。但是，养殖规模的扩大在满足人们对畜产品需求、增加农民收入的同时，也带来了养殖废弃物的大量增加。此外，畜牧业的规模化发展促进了饲料工业的快速发展，饲料品种由初期的单一混合饲料发展到混合饲料、配合饲料、预混合饲料及浓缩饲料等多种产品，极大地满足了畜禽养殖的需求。畜禽养殖户不再需要自己种植饲料，可以将大量的精力、资金、土地等资源专注于养殖方面。这进一步加速了种植业和养殖业的分离。

总之，这一时期化肥工业的发展使种植业对粪肥的"需求"大大降低，而养殖规模的扩大使养殖废弃物的"供给"大大增加，由此造成了养殖废弃物"供需"的严重失衡。同时，畜禽养殖场布局由农区、牧区转向城市郊区，那里人口密集，耕地面积有限，养殖废弃物还田受到很大限制。于是，20 世纪 90 年代中期北京、上海等大城市城郊的养殖场周围堆积了大量养殖废弃物，对环境造成了一定的危害。

3.1.4 放弃利用阶段（2000—2013 年）

2000 年以后，除北京、上海等大城市出现畜禽养殖污染外，其他省市也相继出现了由养殖废弃物随意排放引发的环境问题。据估算，2010 年我国养殖废弃物总量为 19 亿吨，是 20 世纪 80 年代养殖废弃物总量的 2.75 倍。另据《第一次全国污染源普查公报》显示，2007 年我国畜禽养殖业的 COD（Chemical Oxygen Demand，化学需氧量）和氨氮排放量分别为 1268.26 万吨和 71.73 万吨，占农业源 COD 和氨氮排放量的 95.8% 和 78.1%，占全国 COD 和氨氮排放量的 41.9% 和 41.5%。这些污染对空气、水体、土壤产生了巨大的危害。而从养殖废弃物需求方——种植户的角度来看，施用有机肥因见效慢、肥效时间长，被称为对土地的长期投入。与之相对，施用化肥的行为，被称为对土地的短期投入。土地使用权越稳定，对土地的长期投入行为越显著，而使用权越不稳定，短期性行为越突出。虽然我国在 20 世纪 80 年代开始实施家庭联产承包责任制，但土地使用权稳定性问题一直没有得到彻底解决。近年来，由于土地流转价格波动性较大，农户更倾向于选择时间灵活的契约形式，降低了土地流入户对土地使用权稳定性的预期。虽然种植户已经意识到长期施用化肥使得土壤肥力大幅下降，但在地权不稳定的情况下宁愿选择化肥，而不选择费时费力、见效慢、肥效长的粪肥或有机肥。

总之，在这一时期，种养分离已成常态化，留下越来越多的养殖废弃物。与此同时，政府对养殖废弃物资源化利用的监管和激励存在缺位现象。在很长一段时间，畜禽养殖污染问题没有引起政府的高度重视。中央政府在制定畜牧业发展政策时，仅从畜牧业增长出发，而没有站在全局对种植业、养殖业和人居环境进行统筹规划与布局。同时，环境保护部门只重视工业污染和生活污染，而未将畜禽污染纳入重点防治对象。而地方政府在以 GDP 作为衡量政绩的评价体系下，只追求经济增长，忽视环境保护。因此，在仅强调畜牧业产业发展的背景下，畜禽养殖的环境监管出现了政策真空。

3.1.5 多途径利用阶段（2014 年至今）

2014 年以来，政府逐渐意识到养殖业的污染防治应当与工业不同，不能仅强调达标排放。于是，为实现畜禽养殖业健康发展、推动化肥减量使用和种养业可持续发展，中央政府在2014年出台了《畜禽规模养殖污染防治条例》，这是农业农村环保制度建设的里程碑，该文件中明确提出要实行畜禽养殖废弃物的综合利用。随后，国家又密集出台了《全国"十三五"现代农业发展规划》《关于打好农业面源污染防治攻坚战的实施意见》《关于推进农业废弃物资源化利用试点的方案》等一系列政策文件。尤其是2017年国务院出台的《关于加快推进畜禽养殖废弃物资源化利用的意见》，这是我国畜牧业发展史上第一个专门针对畜禽养殖废弃物处理和资源化利用出台的指导性文件，该文件明确提出"以农用有机肥和农村能源为主要利用方向""因地制宜，多元利用""宜肥则肥，宜气则气，宜电则电"，也就是说，养殖废弃物资源化利用不再局限于肥料化利用，要根据实际情况，开展多种形式的资源化利用。同时，养殖废弃物资源化利用技术不断发展，除了肥料化利用、能源化利用还有饲料化利用、基质化利用等技术。

虽然近年来在国家大力推动下，养殖废弃物资源化利用率有所提高，但是仍然没有达到政策预期，随意丢弃养殖废弃物的现象依然大量存在。因此，切实提高养殖户对废弃物资源化利用技术采纳积极性依然是现在乃至未来一段时间我国环境污染治理的重要途径。

3.2 养殖废弃物资源化利用的潜力估算

生猪养殖业在我国历史悠久，养殖规模不断扩大，产生的废弃物也越来越多，是主要的养殖业污染源。因此，下文主要测算生猪养殖废弃物资源化利用潜力。

3.2.1 生猪产业发展状况

3.2.1.1 全国生猪产业发展状况

（1）生猪养殖总量变动

生猪产业是我国畜牧业的支柱产业，也是粮食安全的战略产业，同时还是促进农民增收的重要途径。受我国城乡居民消费习惯和政府对生猪产业支持的影响，近40年来，我国生猪养殖业发展非常迅速，生猪的生产水平有了很大的提高。如表 3-1 所示，从出栏量来看，1979 年我国生猪出栏量为 18767.70 万头，到 2017 年生猪出栏量增长到 70202.10 万头，增长了 2.74 倍。我国生猪出栏量连续多年位居世界首位。从存栏量来看，除个别年份外，我国生猪存栏量稳中有升。总体来看，生猪存栏量从 1979 年的 31970.50 万头增长到 2017 年的 44158.92 万头，增长了 38.12%。在出栏量和存栏量逐年上升的同时，我国猪肉产量和人均占有量也呈现不断增长的态势。猪肉产量由 1983 年的 1316.14 万吨增长到 2017 年的 5451.80 万吨，增长了 3.14 倍；人均占有量由 1983 年的 12.78 千克增长到 2017 年的 39.22 千克，增长了 2.07 倍。

表 3-1　1979—2017 年我国生猪生产情况

年份	出栏量 （万头）	存栏量 （万头）	猪肉产量 （万吨）	人均占有量 （千克）
1979	18767.70	31970.50	…	…
1983	20661.40	29853.60	1316.14	12.78
1988	27570.30	34221.80	2017.60	18.17
1993	37824.30	39300.10	2854.40	24.08
1998	50215.20	42256.30	3883.70	31.13
2003	59200.50	41381.80	4238.60	32.80
2008	61016.60	46433.12	4682.02	35.26
2013	71557.30	47893.14	5618.60	41.29
2017	70202.10	44158.92	5451.80	39.22

资料来源：《中国农业年鉴》（1980—2018 年），"…"表示数据缺失。

　　总体来看，我国的生猪生产水平较改革开放初期有了很大的提高。这主要得益于三个方面：第一，生猪品种的不断改良。目前我国已经建立了较为完善的生猪良种繁育体系，这一体系主要由原种猪场、祖代种猪场和商品猪场户组成。第二，畜牧技术推广体系的不断完善。经过多年的发展，我国畜牧技术推广体系已经形成了省、市、县、乡四级推广机构，这些机构在畜牧业提质增效中发挥了巨大的作用。第三，饲料添加剂、兽药等的使用。合理使用兽药和饲料添加剂对提高畜禽存活率、生产率，增强畜禽免疫力具有重要作用。

　　（2）生猪生产布局变迁

　　改革开放以来，受技术进步、资源禀赋、市场供求、环境承载能力和政策等因素影响，我国生猪生产区域布局不断发生变化。为分析生猪生产布局的变化，本书根据《中国统计年鉴》对中国大区的划分形式将全国划分为东北地区（吉林、黑龙江、辽宁）、中部地区（山西、安徽、江西、河南、湖北和湖南）、东部地区（北京、天津、河北、上海、江苏、浙江、福建、山东、广东和海南）、西部地区（内蒙古、广西、四川、贵州、云南、西藏、陕西、甘肃、青海、宁夏和新疆）。从表3-2中可以看出，1986—1996年东北地区、中部地区、西部地区生猪出栏量占全国生猪出栏量的比重均有所提高，而东部地区生猪出栏量占全国生猪出栏量的比重在下降。具体来看，东北地区生猪出栏量从1420.20万头增长到2461.40万头，增长了73.31%；其生猪出栏量占全国的比重从5.52%增长到5.97%。中部地区的生猪出栏量从7024.40万头增长到13521.60万头，增长了92.49%；其生猪出栏量占全国的比重从27.31%增长到32.80%，增长了5.49个百分点。西部地区的生猪出栏量从8286.40万头增长到13558.70万头，增长了63.63%；其生猪出栏量占全国的比重从32.22%增长到32.89%。这一时期，东部地区的生猪出栏量从8990.50万头增长到11683.50万头，增长了29.95%；但这十年间东部地区的生猪出栏量占全国的比重从34.95%下降到28.34%，下降了6.61个百分点。综观1986—1996年这十年间，中部地区生猪出栏量在全国所占比重增长最快，东北地区和西部地区生猪出栏量也略有增长。而传统的东部地区生猪出栏量虽有所增长但其在全国所占比重却在下降。

从1996—2006年来看，到2006年东北地区生猪出栏量增长到4878.87万头，十年来增长了98.22%，其在全国所占比重从5.97%增长到7.97%，增长了2个百分点。到2006年东部地区生猪出栏量增长到18732.19万头，增长了60.33%，其在全国所占比重从28.34%增长到30.60%，增长了2.26个百分点。这一时期，中部地区生猪出栏量由13521.60万头增长到18584.36万头，仅增长了37.44%；因此其生猪出栏量占全国比重有所下降，从32.80%下降到30.36%，下降2.44个百分点。到2006年西部地区生猪出栏量达到19011.85万头，增长了40.22%，但其生猪出栏量占全国比重从32.89%下降到31.06%，下降了1.83个百分点。这一时期，西部地区生猪出栏量从13558.70万头增长到19011.85万头，增长了40.22%；其生猪出栏量在全国所占比重从32.89%下降到31.06%，下降了1.83个百分点。综观1996—2006年这十年间，东北地区继续崛起，东部地区生猪出栏量在全国比重有所提高，而中部地区、西部地区生猪出栏量在全国比重有所降低。

从 2006—2016 年来看，到 2016 年东北地区生猪出栏量增长到 6072.80 万头，其在全国的比重由 7.97% 增长到 8.86%。而东部地区生猪出栏量却由 18732.19 万头下降到 18715.60 万头，导致其在全国的比重由 30.60% 下降到 27.32%，下降 3.28 个百分点。这一时期，中部地区的生猪出栏量增长到 22876.00 万头，其在全国的比重由 30.36% 增长到 33.39%，增长了 3.03 个百分点。到 2016 年西部地区生猪出栏量增长到 20837.50 万头，十年间仅增长了 9.60%，而其在全国所占比重从 31.06% 下降到 30.42%，下降了 0.64 个百分点。综观 2006—2016 年这十年间，东北地区地位继续小幅上升，中部地区地位上升较快；而东部地区和西部地区均有不同程度的下降。

综观近 30 年，东北地区的生猪出栏量占全国的比重一直在增加，而且随着 2015 年《促进南方水网地区生猪养殖布局调整优化的指导意见》和 2016 年《全国生猪生产发展规划（2016—2020 年）》及 2017 年中央一号文件提出的"优化生猪产区，引导产能向环境容量大的地区和玉米主产区转移"，东北地区生猪养殖地位将在未来进一步提升。东部地区生猪养殖地位在震荡中下降，中部地区生猪养殖地位在震荡中上升，其生猪出栏量已超过传统东部地区成为生猪养殖第一大区。这 30 年来，西部地区整体变化不大，生猪养殖地位略有下降。

表 3-2　1986—2016 年我国生猪生产的空间结构变化　　单位：万头,%

1986 年			1996 年			2006 年			2016 年		
区域	出栏	比重	区域	出栏	比重	区域	出栏	比重	区域	出栏	比重
东北	1420.20	5.52	东北	2461.40	5.97	东北	4878.87	7.97	东北	6072.80	8.86
东部	8990.50	34.95	东部	11683.50	28.34	东部	18732.19	30.60	东部	18715.60	27.32
中部	7024.40	27.31	中部	13521.60	32.80	中部	18584.36	30.36	中部	22876.00	33.39
西部	8286.40	32.22	西部	13558.70	32.89	西部	19011.85	31.06	西部	20837.50	30.42

资料来源：《中国农业年鉴》（1987—2017 年）计算所得。

（3）生猪养殖规模变动

生猪的饲养模式主要是家庭散养和规模化养殖。由于国家对生猪养殖规模的划分没有统一的标准，根据《中国畜牧兽医年鉴》对养殖规模的划分将 1~49 头视为家庭散养，50~99 头视为小规模养殖，100~499 头视为中规模养殖，500 头以上视为大规模养殖。由表 3-3 可以看出，除 2017 年各规模养殖户数量均下降外，其他年份各规模养殖户数量的变化呈现出一定的规律。2002—2016 年家庭散养户数一直在减少，从 2002 年的 10433.27 万户减少到 2016 年的 4020.56 万户，14 年间减少了 61.46%。而同一时期，我国生猪养殖正由家庭散养向规模化养殖转变。从规模养殖内部来看，不同的规模呈现出不同的变化特征。在增长幅度方面，2002—2016 年小规模养殖户、中规模养殖户、大规模养殖户数量分别增长了 80.76%、237.53% 和 741.92%，可见大规模养殖户数量增长速度最快。在绝对数量占比方面，2002—2016 年小规模养殖户数量占比由 76.37% 下降到 59.43%；中规模养殖户数量占比由 20.58% 增长到 29.89%；大规模养殖户数量占比由 3.04% 增长到 10.68%。虽然小规模养殖户占比在下降，但中小规模养殖户仍然是规模养殖的主力军。

表 3-3　2002—2017 年全国生猪养殖场数量　　　　　单位：万户

年份	1~49 头	50~99 头	100~499 头	500~2999 头	3000~9999 头	10000 头以上
2002	10433.27	79.03	21.29	2.75	0.32	0.08
2003	10677.94	85.14	24.90	3.38	0.34	0.09
2007	8010.48	157.76	54.20	11.38	0.62	0.19
2008	6996.05	162.35	63.38	14.87	1.29	0.25
2009	6459.91	165.39	68.97	17.85	1.55	0.32
2010	5908.69	168.53	74.28	19.91	1.76	0.37
2011	5512.95	172.47	78.23	21.52	1.85	0.41
2012	5189.89	172.61	81.78	23.13	1.97	0.46
2013	4940.25	161.99	82.73	24.10	2.05	0.48
2014	4688.97	157.11	81.04	24.17	2.10	0.48
2015	4405.59	147.96	75.88	23.92	2.07	0.46
2016	4020.56	142.86	71.86	23.17	2.04	0.46
2017	3571.88	120.93	60.31	13.35	1.21	0.45

资料来源：《中国畜牧兽医年鉴》（2003—2018 年）计算所得。

3.2.1.2　吉林省生猪产业发展状况

吉林省地处东经 122~131 度、北纬 41~46 度之间，面积 18.74 万平方公里，占全国面积 2%。位于中国东北中部，处于东北亚几何中心地带。北接黑龙江省，南接辽宁省，西邻内蒙古自治区，东与俄罗斯接壤，东南部以图们江、鸭绿江为界，与朝鲜民主主义人民共和国隔江相望。东南部高，西北部低，中西部是广阔的平原。吉林省气候属温带季风气候，有比较明显的大陆性。夏季高温多雨，冬季寒冷干燥。这样的气候非常适合发展农业。同时吉林省位于世界"黄金玉米带",是我国重要的玉米产区。这为生猪产业的发展奠定了良好的基础,尤其在国家"粮变肉"工程的推动下,吉林省生猪产业发展非常迅速。2016年4月,中华人民共和国农业部下发的《全国生猪生产发展规划(2016—2020年)》中,吉林省被确定为生猪生产的潜力增长区,并预计生猪生产能力年均增长1%~2%。这是国家在综合考虑资源禀赋、环境承载力、消费偏好和屠宰加工等因素后作出的生猪生产区域布局。这一规划给吉林省生猪产业带来了新的机遇。

(1)生猪养殖总量变动

由表3-4可以看出,1995—2017年吉林省生猪出栏量呈现波动上升的趋势。具体而言,生猪出栏量从1995年的837.83万头增长到2014年的1721.10万头,年均增长率达5.55%;但是受猪肉价格波动、环保压力的影响,2015—2016年生猪出栏量出现下降,但2017年又有所回升。从存栏量来看,生猪的存栏量经过三次波动后,最终增加到2017年的911.1万头,与1995年相比增长了19.19%。从猪肉产量来看,1995—2017年波动幅度较小,总体呈先上升后下降的趋势。1995—2014年猪肉产量从77.3万吨增至140.4万吨,增幅为81.63%。2015—2016年生猪出栏量出现下降,但2017年又有所回升。

表3-4 1995—2017年吉林省生猪生产水平

年份	出栏量 (万头)	存栏量 (万头)	猪肉产量 (万吨)
1995	837.83	764.4	77.3
2000	1153.90	646.0	95.5
2005	1272.38	615.2	108.2
2010	1454.56	986.59	119.84
2011	1480.20	989.28	121.99
2012	1625.26	1001.2	132.7
2013	1669.10	1001.2	136.3
2014	1721.10	1000.4	140.4
2015	1664.30	972.4	136
2016	1619.30	948.1	130.6
2017	1691.71	911.1	136.1

资料来源:《中国畜牧兽医年鉴》(1996—2018年)。

（2）生猪养殖规模变动

近十年来，吉林省生猪养殖规模正从农户散养向规模化养殖过渡，且规模化水平越来越高。由表3-5可以看出，2007—2016年散养户一直在减少，从2007年的1739109户下降到2016年的492561户，下降幅度为71.68%。这主要是因为，非农就业机会的增加，使得散养户的养殖机会成本增加，因此，越来越多的散户退出生猪养殖行业，取而代之的是规模化养殖场的迅速增加。从规模养殖场来看，2007—2016年小规模养殖场数量总体上呈现先迅速增加后小幅下降的趋势。2007—2011年小规模养殖场数量呈增长趋势，从78477个增长到114728个，增长了46.19%；2012—2016年小规模养殖场数量一直呈下降趋势，与2011年相比下降33.58%。中规模养殖场数量也呈现先增长后下降的趋势。以2014年为界，2007—2014年中规模养殖场数量从20106个增长到45961个，增幅达1.29倍；2014年以后开始小幅下降。2007—2016年大规模养殖场数量在2011年达到最大值，2012年出现大幅下降后又开始逐渐增长。总体来看，2016年大规模养殖场数量比2007年增长1.65倍。2017年各规模养殖户的数量均大幅下降，与2016年相比，散养、小规模、中规模、大规模养殖户减少的比例分别为42.43%、42.88%、56.91%、47.83%。

表3-5　2007—2017年吉林省生猪养殖场数量　　　　单位：户

年份	散养	小规模	中规模	大规模
2007	1739109	78477	20106	3671
2008	862661	88553	25567	6031
2009	774972	100298	32121	8376
2010	764044	109368	37442	10199
2011	721675	114728	41968	12623
2012	616971	94637	44262	8965
2013	621067	94279	45311	9021
2014	605249	95305	45961	9153
2015	547117	90006	44712	9267
2016	492561	76202	44502	9712
2017	283574	43527	19177	5067

资料来源：《中国畜牧兽医年鉴》（2008—2018年）计算所得。

图3-1反映的是2007—2017年吉林省不同规模养殖场在数量方面所占比重。可以看出，近十年来，小规模养殖场绝对数量占比一直处于高

位，但是却呈现出负增长的趋势。在规模养殖场中，小规模养殖绝对数量所占比重由 2007 年的 76.75%，下降到 2017 年的 64.23%。这一期间，中规模养殖场的绝对数量占比始终高于大规模养殖场而低于小规模养殖场，总体趋势呈现出上升的态势。十年间，中规模养殖场绝对数量占比从 19.66% 增长到 28.30%。此期间，大规模养殖场绝对数量占比呈小幅持续增长状态，从 2007 年的 3.58% 增长到 2017 年的 7.48%。总体来看，中小规模养殖仍然是吉林省生猪养殖的主要特征。

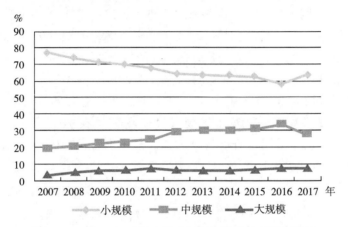

图 3-1　2007—2017 年吉林省不同规模养殖场数量比重

3.2.2　生猪养殖废弃物排放量及资源化利用潜力估算

从上述分析可以看出，我国生猪产业发展非常迅速。但是生猪养殖规模化和集约化的发展也产生了大量的生猪养殖废弃物（主要是粪污），不能被妥善处理的养殖废弃物会对水体、土壤、空气和人类健康造成巨大的危害。据林孝丽等学者测算，一个存栏万头的育猪场，每日排泄的粪尿和污水量达 100 吨以上，相当于 1 个 8 万人左右的城镇生活废弃物排放量。事实上，养殖废弃物中的固体粪便和尿液含有大量的氮、磷、钾等营养物质，还含有粗蛋白、粗脂肪和粗纤维等有机物质，资源化利用潜力非常大。如果能合理利用养殖废弃物，则可以变废为宝，既能实现资源节约，又能解决养殖污染问题。从实际应用角度，养殖废弃物资源化利用方式中肥料化利用和能源化利用最为普遍、效果也最好，因此，下文将着重测算生猪养殖产生的主要废弃物——粪污的肥料化利用潜力和能源化利用潜力。

3.2.2.1　生猪粪污排放量估算

畜禽粪尿的排泄量与动物种类、饲料以及饲养周期有关。生猪的年粪尿产生量等于生猪的饲养量、养殖周期、日排泄量的乘积，计算公式如下：

$$Q = yts \tag{3-1}$$

其中，Q 是生猪产生的粪污量，y 为生猪饲养量，t 为生猪饲养周期（天），s 为生猪日排泄（粪便、尿液）系数（千克/天）。生猪饲养量为出栏量，数据主要来源于《中国畜牧兽医年鉴》（2001—2018 年），饲养周期按 179 天计算（包维卿等，2018）。由于我国目前尚没有相应的畜禽粪尿排泄系数的国家标准，本书参照相关学者的研究成果，确定每日生猪粪便排放量为 2 千克/头，尿液排放量为 3.3 千克/头。

依据我国 2000—2017 年的生猪出栏量以及排污系数，运用式（3-1）即可以测算出我国 2000 年以后生猪粪污的排放量，具体测算结果见表 3-6。测算结果显示，2000—2017 年我国生猪粪便总量从 18857.04 万吨增长到 25132.35 万吨；同期生猪尿量由 31114.12 万吨增长到 41468.38 万吨。2000—2017 年我国生猪粪污总量从 49971.16 万吨增长到 66600.73 万吨，增长了 33.28%。

表 3-6　2000—2017 年全国生猪粪污排放量　　　　单位：万吨

排泄量	2000 年	2003 年	2006 年	2009 年	2012 年	2015 年	2017 年
猪粪	18857.04	21193.78	24362.03	23104.82	24984.64	24523.72	25132.35
猪尿	31114.12	34969.74	40197.35	38122.96	41224.66	40464.13	41468.38
合计	49971.16	56163.52	64559.38	61227.78	66209.3	64987.85	66600.73

资料来源：计算所得。

3.2.2.2　生猪粪污肥料化利用潜力估算

养殖废弃物若能被合理还田利用，则可以节省大量化肥施用量，对推动化肥减量化行动、改善土壤品质、提高农产品质量、有效治理畜禽养殖污染具有非常重要的意义。

养殖废弃物中含有多种农作物需要的养分，但本书中所考虑的生猪粪污养分主要指的是能对化肥产生替代的氮、磷、钾三种。这是因为，目前市场上各种化肥的主要含量也都是氮肥、磷肥和钾肥，而农作物所需养分中，氮、磷、钾最受关注，养殖废弃物养分含量计算公式如下：

$$TN = F \times FN + S \times SN \qquad (3-2)$$

$$TP = F \times FP + S \times SP \qquad (3-3)$$

$$TK = F \times FK + S \times SK \qquad (3-4)$$

其中，TN、TP、TK 分别代表生猪粪尿的氮、磷、钾总含量；F、S 分别代表生猪粪量和尿量；FN、FP、FK 分别代表生猪粪便中氮、磷、钾所占比重；SN、SP、SK 分别代表生猪尿量中氮、磷、钾所占比重。

目前我国对于养殖废弃物中养分含量的系数值尚没有统一的标准，不同的研究方向不同学者所采用的养分含量系数也不尽相同。因此，参照刘晓永、李书田的研究成果，取相关研究的加权平均值作为本书生猪粪污养分含量的系数值，如表 3-7 所示。

表 3-7　生猪粪污养分含量占比　　　　　　　　　　单位:%

粪/尿	氮		磷		钾	
	取值	加权均值	取值	加权均值	取值	加权均值
猪粪	0.24~2.96	0.55	0.09~1.76	0.26	0.17~2.08	0.30
猪尿	0.17~0.50	0.18	0.02~0.15	0.02	0.16~1.00	0.16

资料来源：借鉴刘晓永、李书田（2018）的研究成果。

在上文对生猪粪污年排放量估算的基础上，结合生猪粪污的养分含量系数，利用式（3-2）、式（3-3）、式（3-4）测算可得 2017 年我国生猪粪污资源中养分总含量（见表 3-8）。由此可知，2017 年全国生猪粪污中氮、磷、钾的含量分别是 2128710.20 吨、736377.91 吨、1417464.64 吨，养分总含量为 4282552.75 吨。分区域来看，生猪粪污养分总含量最高的是长江中下游地区，占全国氮养分含量的 29.33%；其次是华北和西南地区，分别占全国养分总含量的 23.57% 和 19.90%；养分含量最少的是西北地区，仅占全国养分总含量的 3.62%。

表 3-8　2017 年我国生猪粪污养分含量　　　　　　单位：吨

养分含量	东北	华北	长江中下游	西北	西南	东南	全国
氮含量	2222.16	501781.42	624381.75	77134.63	423594.59	279604.69	2128710.20
磷含量	76870.52	173579.64	215990.38	26682.94	146532.72	96722.76	736377.91
钾含量	147969.19	334126.00	415763.06	51362.37	282062.99	186183.06	1417464.64
合计	227061.87	1009487.06	1256135.19	155179.94	852190.3	562510.51	4282552.75

资料来源：计算所得。

但养殖废弃物养分并不能完全被农作物吸收，而且由于技术、产业化水平等方面因素的制约，养殖废弃物在还田之前通常要经历"排泄—清扫—储存—堆积/高温堆肥/厌氧发酵—运输"过程，在这一过程中氮磷钾养分会发生一定的损失。不同畜种、不同养分的损失率大不相同。生猪粪污养分损失率分别是氮的损失率为75%、磷的损失率为15%、钾的损失率为36%。综合上述基础数据，利用全国生猪粪污养分含量与粪污养分损失率相乘就可以得到粪污养分损失量，利用养分总量减去养分损失量即可得到生猪粪污养分中可利用量。将生猪粪污养分可利用量与当年化肥施用折纯量对比即可得到生猪粪污养分对化肥的替代率，如表3-9所示。2017年全国生猪粪污中氮可利用量为532177.55吨、磷可利用量为625921.22吨、钾可利用量为907177.37吨。分区域来看，生猪粪污中氮磷钾养分可利用总量最大的是长江中下游地区，占全国总量的29.33%；其次是西南地区和华北地区。分省份来看，四川产生的生猪粪污中总养分可利用量最高，占全国总量的9.38%；其次是河南、湖南、山东、湖北，分别占全国总量的8.86%、8.71%、7.38%、6.33%。吉林省生猪粪污总养分可利用量占全国总量的2.41%。可见，不同区域间生猪粪污养分含量存在差异，同一区域内不同省份间生猪粪污养分可利用量差异也较为明显。

表3-9　2017年生猪粪污养分可利用量及对化肥的替代率　　单位：吨,%

区域	省份	氮		磷		钾	
		可利用	替代率	可利用	替代率	可利用	替代率
东北	黑龙江	15847.35	1.85	18638.88	3.54	27014.21	5.14
	吉林	12824.19	2.03	15083.18	23.06	21860.77	33.43
	辽宁	19915.88	3.50	23424.09	23.35	33949.65	33.85
	内蒙古	6966.62	0.73	8193.80	1.88	11875.66	2.73
	小计	55554.04	1.85	65339.94	5.80	94700.28	8.40
华北	北京	1835.28	4.83	2158.56	45.93	3128.51	66.56
	天津	2252.97	3.41	2649.83	11.57	3840.53	16.77
	河北	28695.03	2.05	33749.70	7.72	48915.04	11.19
	河南	47151.64	2.14	55457.46	5.13	80377.13	7.44
	山东	39273.07	2.82	46191.07	10.21	66946.91	14.79
	山西	6237.36	2.21	7336.08	5.60	10632.52	8.11
	小计	125445.35	2.33	147542.69	6.93	213840.64	10.04

续表

区域	省份	氮		磷		钾	
		可利用	替代率	可利用	替代率	可利用	替代率
长江中下游	上海	1438.05	3.33	1691.36	28.67	2451.37	41.55
	江苏	21267.51	1.41	25013.81	6.79	36253.70	9.85
	浙江	7750.46	1.81	9115.71	9.76	13211.83	14.15
	安徽	21444.90	2.13	25222.44	7.79	36556.09	11.30
	湖北	33718.73	2.63	39658.32	7.27	57478.69	10.53
	湖南	46365.53	4.73	54532.87	20.93	79037.08	30.34
	江西	24110.26	6.33	28357.31	13.83	41099.59	20.04
	小计	156095.44	2.77	183591.82	10.19	266088.36	14.76
西北	陕西	8649.52	0.96	10173.14	5.46	14744.42	7.91
	宁夏	861.92	0.50	1013.75	2.34	1469.27	3.39
	甘肃	5175.31	1.52	6086.95	3.91	8822.10	5.66
	青海	838.42	2.37	986.11	6.75	1429.21	9.79
	新疆	3758.49	0.34	4420.55	0.68	6406.91	0.99
	小计	19283.66	0.76	22680.50	2.16	32871.92	3.13
西南	重庆	13274.48	2.81	15612.79	9.22	22628.36	13.37
	四川	49873.85	4.26	58659.19	12.45	85017.55	18.04
	贵州	13836.20	2.97	16273.46	14.18	23585.91	20.55
	云南	28769.32	2.55	33837.07	9.76	49041.68	14.15
	西藏	144.79	0.80	170.30	1.64	246.82	2.37
	小计	105898.65	3.25	124552.81	11.20	180520.31	16.23
东南	福建	12175.28	2.75	14319.97	8.69	20754.62	12.60
	广东	28139.37	2.72	33096.15	13.37	47967.83	19.38
	广西	25433.84	3.35	29914.04	9.64	43355.84	13.98
	海南	4152.68	2.67	4884.180	14.41	7078.87	20.88
	小计	69901.17	2.92	82214.34	10.87	119157.16	15.76
全国	合计	532177.55	2.40	625921.22	7.85	907177.37	11.37

资料来源：计算所得。

2017年全国生猪粪污氮养分可利用量、磷养分可利用量、钾养分可利用量对氮肥、磷肥、钾肥的替代率分别达到2.40%、7.85%、11.37%。在生猪粪污氮养分替代潜力方面，分区域来看，替代潜力排前三位的区域是西南地区、东南地区和长江中下游地区。分省份来看，生猪粪污氮养分替代率排前四位的是江西、北京、湖南、四川，替代率分别为 6.33%、4.83%、4.73%、4.26%。在生猪粪污磷养分替代潜力方面，分区域来看，替代潜力排前三位的区域是西南地区、东南地区和长江中下游地区，区域平均替代率分别为 11.20%、10.87%、10.19%。分省份来看，生猪粪污磷养分替代率排前四位的是北京、上海、辽宁和吉林，替代率分别为 45.93%、28.67%、23.35%、23.06%。在生猪粪污钾养分替代潜力方面，分区域来看，替代潜力排前三位的区域同样是东南地区、西南地区、西北地区，替代率分别为 16.23%、15.76%、14.76%。分省份来看，生猪粪污钾养分替代率排前四位的是北京、上海、辽宁和吉林，替代率分别为66.56%、41.55%、33.85%、33.43%。

3.2.2.3 生猪粪污能源化利用潜力估算

在我国养殖废弃物能源化利用技术中，沼气技术是应用最为广泛的一种。养殖废弃物产沼气的公式为：

$$EP = Q \times G \times Z \tag{3-5}$$

其中，EP 为产生的沼气量，Q 为生猪粪尿排泄量，G 为干物质含量，Z 为产气率。

借鉴王延吉等（2017）的研究，猪粪干物质含量为 20%，产气率为 0.2 立方米；猪尿干物质含量为 0.4%，产气率为 0.2 立方米。以表 3-6 中数据为基础可以计算出 2017 年我国生猪粪污产沼气潜力，计算结果如表 3-10 所示。不难发现，2017 年全国生猪粪污产沼气潜力为 103.84 亿立方米。分区域来看，长江中下游地区＞华北地区＞西南地区＞东南地区＞东北地区＞西北地区。

表 3-10 2017 年我国生猪粪污产沼气潜力 单位：亿立方米

区域	猪粪沼气潜力	猪尿沼气潜力	合计
东北地区	10.49	0.35	10.84
华北地区	23.70	0.78	24.48
长江中下游地区	29.49	0.97	30.46
东南地区	13.20	0.44	13.64
西南地区	20.00	0.66	20.66
西北地区	3.64	0.12	3.76

续表

区域	猪粪沼气潜力	猪尿沼气潜力	合计
全国	100.52	3.32	103.84

资料来源：计算所得。

综合以上分析可以看出，我国生猪粪污养分对化肥的替代潜力巨大，产沼气潜力也较大。大量的生猪粪污若能得到肥料化利用或能源化利用，不仅能减少化肥的施用，增加生产生活能源，还能缓解生猪养殖对环境的污染。

3.3 养殖废弃物资源化利用技术采纳的现状

3.3.1 数据来源与样本描述

3.3.1.1 数据来源

本书所用微观数据主要通过问卷调查方式获得，调查时间为 2017 年 9 月至 11 月，调研地点为梨树县、农安县、德惠市、榆树市、公主岭市、九台市。选择这 6 个县（市）的依据是：一方面，这 6 个县（市）均在农业农村部下发的《养殖废弃物资源化利用行动方案（2017—2020 年）》中被认定为吉林省畜牧大县（市）。另一方面，这 6 个县（市）的生猪出栏量位于吉林省前列，占吉林省生猪出栏总量的 45% 左右。因此，选择 6 个县（市）的生猪养殖户进行调研具有典型意义。此次调查首先在吉林省九台市进行了预调研，针对调查问卷存在的问题进行修改后，开始正式调研。本次调查采用分层抽样和随机抽样相结合的方法，以上述 6 个县（市）的每个县（市）平均养殖规模为划分依据，分别随机选取高于和低于平均规模的 2 个乡镇，在每个乡镇依据养殖密度由高到低分别选取 2~3 个行政村，再在各村庄中随机选取 10~15 个生猪养殖户进行调查。为保证问卷的有效性，此次调查问卷均由经过培训的调研员对养殖户进行一对一访谈并负责填写调查问卷。本次共发放问卷 633 份，剔除先后矛盾、有明显瑕疵的问卷后，获得有效问卷 615 份，有效率为 97.16%。调查问卷分布如表 3-11 所示。

表 3-11　调查问卷分布情况

数量	梨树县	农安县	德惠市	榆树市	公主岭市	九台市	合计
发放（份）	115	103	108	118	94	95	633
有效（份）	112	101	105	114	92	91	615
有效率（%）	97.37	98.06	97.22	96.61	97.87	95.79	97.16

资料来源：实地调研所得。

3.3.1.2　样本描述

样本养殖户特征如表 3-12 所示。在养殖户个人和家庭特征方面，男性户主居多，占总样本比例为 65.37%；而女性户主占比 34.63%，远低于男性户主比例，较符合我国农村实际情况。从户主年龄来看，41~50 岁的户主最多，占样本总量的 38.05%；51~60 岁的户主次之，占样本总量的 25.53%；总体来看，养殖户老龄化趋势明显。从户主受教育程度来看，初中和小学学历的养殖户占比分别 38.86% 和 27.80%，高中学历的养殖户占比 18.86%，大专及以上学历的养殖户占比仅为 6.84%，说明当前养殖户的受教育程度以初中为主。在样本养殖户中，有 23.09% 的养殖户当过村干部。从家庭养猪劳动力占比来看，有 35.45% 的养殖户家庭中养猪的劳动力占比为 41%~60%，25.85% 的养殖户家庭中养猪的劳动力占比为 81%~100%。

表 3-12　样本养殖户基本特征

指标	选项	样本数（个）	比例（%）	指标	选项	样本数（个）	比例（%）
户主性别	男	402	65.37	养殖规模（年出栏）	99 头及以下	186	30.24
	女	213	34.63		100~499 头	236	38.37
					500~999 头	104	16.91
户主年龄	30 岁以下	39	6.34		1000 头及以上	89	14.47
	31~40 岁	108	17.56	养殖年限	5 年以下	42	6.83
	41~50 岁	234	38.05		5~10 年	172	27.97
	51~60 岁	157	25.53		11~20 年	287	46.67
	60 岁以上	77	12.52		20 年以上	114	18.53

指标	选项	样本数（个）	比例（%）	指标	选项	样本数（个）	比例（%）
户主受教育程度	识字较少	47	7.64	是否参加合作社	否	424	68.94
	小学	171	27.80		是	191	31.06
	初中	239	38.86	养猪收入占家庭收入比重	20%以下	41	6.67
	高中（中专）	116	18.86		21%~40%	82	13.33
	大专及以上	42	6.84		41%~60%	109	17.72
家庭养猪劳动力占比	20%以下	37	6.02		61%~80%	224	36.42
	21%~40%	87	14.15		81%~100%	159	25.86
	41%~60%	218	35.45	是否当过村干部	否	473	76.91
	61%~80%	114	18.54		是	142	23.09
	81%~100%	159	25.85				

资料来源：实地调研数据整理。

在养殖特征方面，从养殖规模来看，年出栏 100~499 头的养殖户最多，占比达 38.37%，其次是年出栏 99 头及以下的养殖户占比为 30.24%，1000 头及以上的养殖户占比较低，仅为 14.47%，这与吉林省生猪养殖规模整体情况相符。从养殖年限来看，有 10 年以上养殖经验的养殖户占比达到 65.20%，生猪养殖业风险较高相对收益也较高，而且生猪的价格经常波动，只有丰富的经验，长期在这个行业里才能挣钱，因此，养殖户的养殖年限普遍较长。从是否参加合作社来看，仅有 31.06% 的养殖户参加了合作社，说明样本地区养殖户的组织化程度不高。从养殖收入占家庭收入的比重来看，36.42% 的养殖户的养殖收入占家庭总收入的 61%~80%，25.86% 的养殖户的养殖收入占家庭总收入的 81%~100%，说明样本养殖户中以养殖收入为家庭主要收入来源的较多。

3.3.2 样本户对废弃物资源化利用技术的认知情况

3.3.2.1 对随意排放养殖废弃物的危害认知情况

表 3-13 显示，在危害认知方面，当问到"随意排放养殖废弃物是否会对空气造成污染"时，52.69% 的养殖户表示比较同意和非常同意；27.64% 的养殖户表示非常不同意和不太同意；19.67% 的养殖户表示对此的同意程度一般。当问到"随意排放养殖废弃物是否会对水体造成污染"时，

51.54%的养殖户表示比较同意和非常同意；24.87%的养殖户表示非常不同意和不太同意；23.58%的养殖户表示对此的同意程度一般。当问到"随意排放养殖废弃物是否会对土壤造成污染"时，28.46%的养殖户表示比较同意和非常同意；35.93%的养殖户表示非常不同意和不太同意；35.61%的养殖户表示对此的同意程度一般。当问到"随意排放养殖废弃物是否会对人类健康造成危害"时，21.46%的养殖户表示比较同意和非常同意；54.96%的养殖户表示非常不同意和不太同意；23.58%的养殖户表示对此的同意程度一般。以上数据说明，半数以上的生猪养殖户能够认识到养殖废弃物随意排放给空气、水体造成的污染，但是大多数生猪养殖户却没有认识到随意排放养殖废弃物给土壤和人类健康带来的危害。

表3-13　养殖户对随意排放养殖废弃物的危害认知

分类	非常不同意	不太同意	一般	比较同意	非常同意
对空气的危害	66（10.73%）	104（16.91%）	121（19.67%）	235（38.21%）	89（14.48%）
对水体的危害	32（5.20%）	121（19.67%）	145（23.58%）	216（35.12%）	101（16.42%）
对土壤的危害	89（14.47%）	132（21.46%）	219（35.61%）	150（24.39%）	25（4.07%）
对人类健康的危害	131（21.30%）	207（33.66%）	145（23.58%）	109（17.72%）	23（3.74%）

资料来源：实地调研数据整理。

3.3.2.2　对废弃物资源化利用技术价值认知

由表3-14可知，在养殖废弃物资源化利用技术价值认知方面，当问到"生猪养殖废弃物资源化利用会增加收入或节约成本吗"，有9.27%和20.16%的养殖户认为作用非常小和比较小，32.36%和13.66%的养殖户认为作用比较大和非常大，说明养殖户对生猪养殖废弃物资源化利用的经济价值认知不高。当问到"生猪养殖废弃物资源化利用会缓解与邻里、村干部的矛盾吗"，有41.79%和29.75%的养殖户认为作用比较大和非常大，1.63%和8.46%的养殖户认为作用非常小和比较小，18.37%的养殖户认为作用一般，说明养殖户对生猪养殖废弃物资源化利用技术的生态价值认知较高。当问到"生猪养殖废弃物资源化利用会改善生态环境吗?"，40.16%和22.60%养殖户认为作用比较大和非常大，6.83%和12.68%的养殖户认为作用非常小和比较小，17.72%的养殖户认为作用一般，说明生猪养殖废弃物资源化利用的社会价值得到了大部分人的认可。

表 3-14　养殖户对废弃物资源化利用技术价值认知情况

指标	分类	非常小	比较小	一般	比较大	非常大
价值认知	增加收入或节约成本	57 (9.27%)	124 (20.16%)	151 (24.55%)	199 (32.36%)	84 (13.66%)
	缓解与邻里、村干部的矛盾	10 (1.63%)	52 (8.46%)	113 (18.37%)	257 (41.79%)	183 (29.75%)
	改善生态环境	42 (6.83%)	78 (12.68%)	109 (17.72%)	247 (40.16%)	139 (22.60%)

资料来源：实地调研数据整理。

3.3.2.3　对废弃物资源化利用政策认知

为治理畜牧业环境污染，推动养殖废弃物资源化利用，国家层面相继出台了一系列政策文件，如《畜禽规模养殖污染防治条例》《关于打好农业面源污染防治攻坚战的实施意见》《国务院办公厅关于加快推进畜禽养殖废弃物资源化利用的意见》《畜禽养殖禁养区划定技术指南》《养殖废弃物资源化利用行动方案（2017—2020 年）》《关于推进农业废弃物资源化利用试点的方案》《关于在畜禽养殖废弃物资源化利用过程中加强环境监管的通知》等。吉林省为响应国家号召，结合本省实际情况，也陆续出台了相关政策文件，如《吉林省排污许可管理办法》要求有排放口的规模化畜禽养殖场、养殖小区在投产运营前，申请并领取排污许可证。《吉林省落实水污染防治行动计划方案》对新建、改建、扩建的规模化畜禽养殖场（小区）提出实施雨污分流、养殖废弃物资源化利用的要求。《吉林省加快推进畜禽养殖废弃物资源化利用工作方案》中要求到 2020 年规模养殖场的养殖废弃物资源化利用设施配备率达 95%以上。同时，该文件中也提及整合资金，对新建养殖场购置养殖废弃物资源化利用设施的，按国家农机购置补贴政策进行补贴。贷款优惠政策向购置养殖废弃物资源化利用设备倾斜。

为了解生猪养殖户对养殖废弃物资源化利用相关政策的认知情况，本书设计了"您听说过哪种养殖废弃物资源化利用政策"选项包括沼气补贴、养殖废弃物资源化利用设备购置补贴（以下简称设备购置补贴）、养殖场标准化建设补贴（以下简称建设补贴）、养殖废弃物资源化利用设备购置贷款优惠政策（以下简称贷款优惠）、养殖废弃物资源化利用电价优惠政策（以下简称电价优惠）。这一题项，此题为多选题，调查结果如图3-2所示。听说过沼气补贴的养殖户数量最多，为214户，占样本总量的34.80%；听说过设备购置补贴的养殖户有127户，占样本总量的20.65%；听说过设备购置建设补贴的养殖户有81户，占样本总量的13.17%；听说过贷款优惠政策的养殖户有69户，占样本总量的11.22%；听说过电价优惠政策的养殖户有51户，占样本总量的8.29%。而这些优惠政策都没听过的养殖户有87户，占样本总数的14.14%。总体来看，知道养殖废弃物资源化利用优惠政策的养殖户并不多，这从侧面说明了政府对养殖废弃物资源化利用政策的宣传推广力度不足。

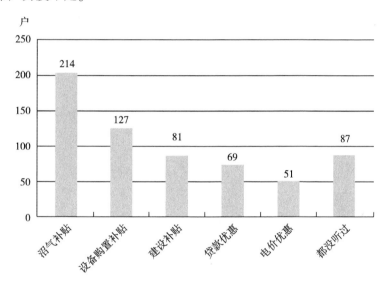

图3-2　养殖户对废弃物资源化利用补贴政策认知

　　在进一步询问生猪养殖户是否享受了这些优惠政策时，有54.96%的生猪养殖户表示从未享受过任何优惠政策。这主要是因为，大部分优惠政策的对象是大规模养殖场，散养户和中小规模养殖户能获得的优惠政策非常有限，而散养户和中小规模养殖户的数量却远超大规模养殖场。这从侧面说明了政府补贴政策的门槛较高，不具有普适性。

3.3.2.4　对废弃物资源化利用技术信息的获取渠道

　　为了解养殖户获取养殖废弃物资源化利用技术信息的渠道，本书设计

了"您通过何种渠道了解养殖废弃物资源化利用技术",统计结果如图 3-3
所示。此题为多选题,故各选项人数加总大于样本总量。由调查数据可
知,排前四位的信息来源渠道是"其他养殖户""邻居""村干部""农技
人员",被选次数分别为 234 次、208 次、173 次、153 次;其次是朋友、电
视、亲戚,被选次数分别为 112 次、84 次、65 次。而养殖户选择通过手机、
广播、书报等媒介获取技术信息的数量较少。以上数据表明,其他养殖户、
邻居、村干部这样的社会网络成员和以农技人员为代表的政府推广部门是
养殖户获取养殖废弃物资源化利用技术信息的主要来源。

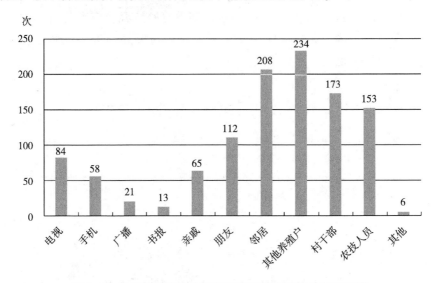

图 3-3　养殖户对废弃物资源化利用技术信息的获取渠道

3.3.3　养殖废弃物资源化利用技术采纳意愿情况

当被问到"如果条件允许,您是否愿意采纳资源化利用技术"时,
20% 的养殖户表示非常愿意采用资源化利用技术,54% 的养殖户表示比较愿
意采用,12% 的养殖户对资源化利用技术采用意愿表示一般,另有 10% 和
4% 的养殖户表示不太愿意和非常不愿意采用资源化利用技术,这说明大部
分养殖户对资源化利用技术采纳持积极态度(见图 3-4)。在进一步询问 86
户养殖户不愿意采用资源化利用技术的最主要原因时,36.94% 的养殖户认
为采纳该类技术费时费力,机会成本高;33.33% 的养殖户认为资源化利用
技术难以掌握;23.42% 的养殖户认为没有足够的农田消纳养殖废弃物;
6.31% 的养殖户认为资源化利用设施设备建造成本高,无力承担。

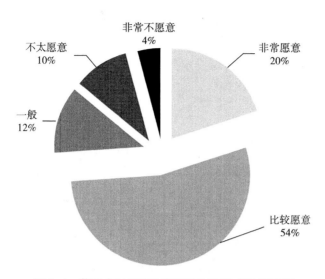

图3-4 养殖户对废弃物资源化利用技术采纳意愿

当被问到"是否愿意持续关注资源化利用技术"时，15%的养殖户表示非常愿意，60%的养殖户表示比较愿意持续关注，10%的养殖户对资源化利用技术持续关注意愿表示一般，另有10%和5%的养殖户表示不太愿意和非常不愿意持续关注，这说明大部分养殖户愿意持续关注资源化利用技术（见图3-5）。

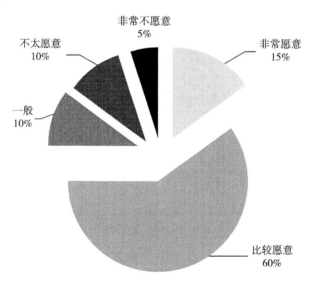

图3-5 养殖户对资源化利用技术持续关注的意愿

当被问到"是否愿意将资源化利用技术推荐给他人"时，24%的养殖户表示非常愿意，43%的养殖户表示比较愿意推荐，15%的养殖户对推荐资源化利用技术的意愿表示一般，另有13%和5%的养殖户表示不太愿意和非常不愿意持续关注资源化利用技术，这说明大部分养殖户愿意将资源化利用技术推荐给他人（见图3-6）。

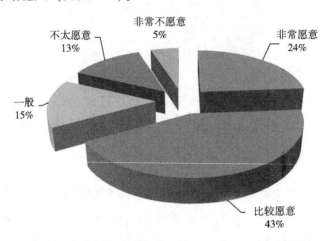

图3-6　养殖户将资源化利用技术推荐给他人的意愿

3.3.4　养殖废弃物资源化利用技术采纳行为情况

如表3-15所示，从样本地区现实情况来看，在615户被访生猪养殖户中实际采纳养殖废弃物资源化利用技术的有431户，占样本总数的70.08%；没有采纳资源化利用技术的有184户，占样本总数的29.92%。样本地区生猪养殖户采纳的资源化利用技术类型包括肥料化技术和能源化技术两大类，其中肥料化技术的采纳户数总计377户，占样本总量的61.30%；能源化技术的采纳户数为54户，仅占样本总数的8.78%。进一步分析可以看出，肥料化技术中堆肥技术的采纳户数为310户，占样本总量的50.41%；生物发酵技术采纳户数为67户，占样本总量的10.89%。肥料化技术中生物发酵技术采纳户数较少的主要原因是采纳这种技术的投入成本和维护成本较高，而且需要处理大量的养殖废弃物才能产生规模经济，因此只有资金雄厚的大规模的养殖场才会选择这种技术。能源化技术中生猪养殖户都采纳了沼气技术，采纳户数为54户，占样本总数的8.78%。沼气技术采纳户数较少的原因主要是，吉林省气温偏低不利于沼气发酵，而且产生的沼气用于生活炊事等不太稳定，加之日常维护较麻烦，所以即使建有沼气池的养殖户也很少采用这种方式利用生猪粪污。综上可知，养殖废弃物肥料化技术是当前吉林省生猪养殖户采纳的主要资源化利用技术类型。

表 3-15 样本地区养殖户废弃物资源化利用技术实际采纳行为特征

采纳状态	技术类型		户数（占比）
已采纳	肥料化技术	堆肥技术	310（50.41%）
		生物发酵技术	67（10.89%）
	能源化技术	沼气技术	54（8.78%）
未采纳	销售或送人	—	20（3.25%）
	废弃	—	164（26.67%）

资料来源：调查数据整理。

在未采纳资源化利用技术的 184 户生猪养殖户中，有 20 户是将废弃物销售或送人，送人方面主要是送给自己亲属，销售方面由于废弃物交易市场不完善、价格较低和运输成本较高等原因，销售废弃物的非常少。还有 164 户选择直接废弃。为了深入分析养殖户丢弃养殖废弃物的原因，本书设计了如表 3-16 所示问题，此题为多项选择题，每位生猪养殖户可以选择多个选项。由表中数据可知，在丢弃废弃物的养殖户中有 43.75% 的养殖户是因为没有掌握资源化利用技术；26.39% 的养殖户是因为负担不起资源化利用设施建造成本；61.81% 的养殖户是嫌资源化利用太麻烦；18.06% 的养殖户认为资源化利用对防治污染无用；51.39% 的养殖户是因为没有足够的配套土地利用养殖废弃物；20.83% 的养殖户是因为无法将养殖废弃物送出去或卖出去。总体来看，养殖户丢弃养殖废弃物的原因可以概括为两类：一是技术原因。生猪养殖户对没有掌握资源化利用技术和认为这样的技术无用，反映出政府技术推广的缺位和生猪养殖户技术信息来源的有限性。他们不能及时获得技术信息，遇到问题也没有能力解决，因此这部分养殖户不能对资源化利用技术给予正确的评价。二是经济原因。有些养殖户本身有债务压力，进行投资时会倾向于生产性投资，而不是建造用于资源化利用方面的环保设施，所以会出现"负担不起"的情况。养殖户嫌"资源化利用太麻烦"主要是因为资源化利用需要投入大量的劳动力，而在农户普遍兼业的情况下劳动力机会成本较高。"没有足够的配套土地利用养殖废弃物"反映了土地流转成本较高的现实情况。

表 3-16　养殖户随意丢弃养殖废弃物的原因

数量	没有掌握资源化利用技术	负担不起资源化利用设施建造成本	资源化利用太麻烦	资源化利用对防治污染无用	没有足够的配套土地利用养殖废弃物	送不出去，也卖不出去
人数	63	38	89	26	74	30
比例	43.75%	26.39%	61.81%	18.06%	51.39%	20.83%

资料来源：调查数据整理。

3.3.5　样本户对养殖废弃物资源化利用技术采纳的绩效评价情况

为进一步了解养殖废弃物资源化利用技术的采纳绩效，本书将技术采纳绩效分为生态绩效、经济绩效、社会绩效三个方面，对已采纳资源化利用技术的 432 个养殖户进行调查。生态绩效的考察主要包含以下三个问题：①养殖废弃物资源化利用技术的实施对改善土壤肥力有帮助吗？②养殖废弃物资源化利用技术的实施对降低生猪养殖与水体的污染有帮助吗？③养殖废弃物资源化利用技术的实施对降低生猪养殖与空气的污染有帮助吗？经济绩效的考察主要包含以下三个问题：①养殖废弃物资源化利用技术的实施对节约化肥成本有帮助吗？②养殖废弃物资源化利用技术的实施对增加收入有帮助吗？③养殖废弃物资源化利用技术的实施对节约生产生活能源（如天然气、电等）有帮助吗？社会绩效的考察主要包含以下三个问题：①养殖废弃物资源化利用技术的实施对改善邻里关系有帮助吗？②养殖废弃物资源化利用技术的实施对改善生猪养殖户与政府工作人员的关系有帮助吗？③养殖废弃物资源化利用技术的实施对改善村容村貌有帮助吗？上述问题的选项均为：作用很小、作用较小、一般、作用较大、作用很大。

表 3-17 显示了已采纳资源化利用技术的养殖户对该技术绩效的评价。在生态绩效方面，42.82% 和 27.78% 的养殖户表示采纳资源化利用技术对改善土壤肥力"作用较大"和"作用很大"；14.81% 的养殖户表示作用"一般"；8.10% 和 6.49% 的养殖户表示"作用较小"和"作用很小"。31.94% 和 20.83% 的养殖户表示采纳资源化利用技术对减少水体污染"作用较大"和"作用很大"；24.31% 的生猪养殖户表示作用"一般"；13.89% 和 9.03% 的生猪养殖户表示"作用较小"和"作用很小"。28.94% 和 15.97% 的生猪养殖户表示采纳资源化利用技术对减少空气污染"作用较大"和

"作用很大"；26.85%的生猪养殖户表示作用"一般"；15.97%和12.27%的生猪养殖户表示"作用较小"和"作用很小"。总体而言，半数左右的生猪养殖户对采纳资源化利用技术获得的生态绩效持肯定态度。

在经济绩效方面，30.79%和18.80%的生猪养殖户表示采纳资源化利用技术对节约化肥成本和生活能源"作用较大"和"作用很大"；25.06%的生猪养殖户表示作用"一般"；15.00%和10.35%的生猪养殖户表示"作用较小"和"作用很小"。22.22%和6.49%的生猪养殖户表示采纳资源化利用技术对降低养殖成本"作用较大"和"作用很大"；27.08%的生猪养殖户表示作用"一般"；28.01%和16.20%的生猪养殖户表示"作用较小"和"作用很小"。26.16%和8.56%的生猪养殖户表示采纳资源化利用技术对增加收入"作用较大"和"作用很大"；31.02%的生猪养殖户表示作用"一般"；23.15%和11.11%的生猪养殖户表示"作用较小"和"作用很小"。总体而言，生猪养殖户对生猪养殖废弃物资源化利用技术在经济绩效方面的评价不高。

在社会绩效方面，34.03%和22.45%的生猪养殖户表示采纳资源化利用技术对改善邻里关系"作用较大"和"作用很大"；20.14%的生猪养殖户表示作用"一般"；14.82%和8.56%的生猪养殖户表示"作用较小"和"作用很小"。43.61%和36.11%的生猪养殖户表示采纳资源化利用技术对改善与政府工作人员的关系"作用较大"和"作用很大"；8.13%的生猪养殖户表示作用"一般"；7.44%和4.71%的生猪养殖户表示"作用较小"和"作用很小"；42.69%和34.10%的生猪养殖户表示采纳资源化利用技术对改善村容村貌"作用较大"和"作用很大"；10.44%的生猪养殖户表示作用"一般"；6.90%和5.87%的生猪养殖户表示"作用较小"和"作用很小"。总体而言，六成左右的生猪养殖户对养殖废弃物资源化利用技术在社会绩效方面的评价较高。

表3-17　养殖户对养殖废弃物资源化利用技术绩效的评价　　单位:%

绩效	指标	作用很小	作用较小	一般	作用较大	作用很大
生态绩效	改善土壤肥力	6.49	8.10	14.81	42.82	27.78
	减少对水体的污染	9.03	13.89	24.31	31.94	20.83
	减少对空气的污染	12.27	15.97	26.85	28.94	15.97

续表

绩效	指标	作用很小	作用较小	一般	作用较大	作用很大
经济绩效	节约化肥成本和生活能源	10.35	15.00	25.06	30.79	18.80
	降低养殖成本	16.20	28.01	27.08	22.22	6.49
	增加收入	11.11	23.15	31.02	26.16	8.56
社会绩效	改善邻里关系	8.56	14.82	20.14	34.03	22.45
	改善养殖户与政府工作人员的关系	4.71	7.44	8.13	43.61	36.11
	改善村容村貌	5.87	6.90	10.44	42.69	34.10

资料来源：调查数据整理。

3.4 养殖废弃物资源化利用技术采纳的阻碍

3.4.1 养殖户认知不足

我国生猪产业发展速度较快，极大地满足了人们对猪肉的需求。但随之而来的是大量的猪粪被随意排放到环境中，没有得到合理有效的利用，给农业生态环境造成极大的破坏。资源化利用是解决畜禽养殖污染最有效的方式。然而在实际中，养殖户对养殖废弃物随意排放带来的负面影响和资源化利用技术的认知程度不高。调查发现，只有半数左右的生猪养殖户能够认识到养殖废弃物随意排放给空气和水体造成的污染，而能够认识到随意排放养殖废弃物给土壤和人类健康带来危害的生猪养殖户更少，这一比例分别是 28.46% 和 21.46%，说明样本地区养殖户没有真正意识到养殖废弃物污染治理的必要性和紧迫性。同时，仅有 46.02% 的养殖户能够认识到养殖废弃物资源化利用技术的经济价值；71.54% 的养殖户能够认识到养殖废弃物资源化利用技术的社会价值；62.76% 的养殖户能够认识到养殖废弃物资源化利用技术的生态价值。这说明养殖户对废弃物资源化利用技术的价值认知不高。而且大部分养殖户更看重技术的经济价值，而忽视生态效益和社会效益，这就导致了养殖户不能如实评估养殖废弃物资源化利用技术的综合收益和风险，从而阻碍了养殖户采纳养殖废弃物资源化利用技术。

3.4.2　政府对技术采纳的支持力度不足

3.4.2.1　技术推广服务不到位

目前我国的农业技术推广服务仍然是以政府为主导的自上而下的推广模式。这种模式在过去很长一段时间确实发挥了重要作用，是政府推广农业技术的主要方式。但是在市场经济条件下这种推广模式往往忽视养殖户的多样化需求，存在工作效率低下、推广频率低、推广内容针对性差、后期服务不到位等问题。从吉林省的调查情况来看，55.73%的养殖户没有接受过关于养殖废弃物资源化利用方面技术指导，而且接受过这类技术指导的养殖户也仅是在技术采用的初期，在平时遇到技术难题时很少能得到政府技术推广部门的指导。同时，关于生猪养殖户获取养殖废弃物资源化利用技术的信息渠道的调查也显示，养殖户信息来源排前三位的是其他养殖户、邻居和村干部这些社会网络成员，而政府推广部门排在第四位。这也从侧面说明，政府技术推广服务不到位。

3.4.2.2　补贴政策宣传不到位，门槛高

养殖废弃物资源化利用技术采用具有较强的外部性，产生的生态效益和社会生态效益远高于养殖户的经济效益，加之资源化利用需要投入一定的人力、物力、财力，在这种情况下养殖户缺乏采纳这一技术的积极性，因此政府出台了一些补贴和优惠政策。但从调查情况来看，生猪养殖户对采纳养殖废弃物资源化利用技术的补贴和优惠政策并不熟悉，有的养殖户甚至根本没有听过这些政策，这暴露了政府对支持政策宣传不到位的问题。而且多项支持政策只针对大规模养殖场，没有惠及数量众多、污染较重的中小规模养殖户，补贴门槛高。

3.4.2.3　政策设计缺乏统筹性

在资金补贴方面，既有环保部门的污染治理专项资金，也有畜牧部门的畜禽标准化规模养殖建设专项补助资金，还有农业部门的沼气建设专项资金，这些补贴涉及多个部门，相互独立，缺乏统筹安排，未能充分发挥其作用。在政策导向方面，各部门的要求并不一致。环保部门强调生化处理达标排放，甚至有的地方在环保验收时一味强调要上有机肥生产设施、

污水处理设备等以实现达标排放、零排放。这样的处理不但增加了养殖场的成本还失去了资源化利用的意义。农村能源管理部门则要求将干粪投入沼气工程,而产生的大量高浓度沼液难以资源化利用被排入水体,造成污染。农业部门则一味强调养殖废弃物的还田利用。调查中发现,由于政府部门的各自为政,养殖户在废弃物处理方面很多时候是不知所措的。

3.4.3　市场对技术采纳的推动力度不足

近年来国家不断提出,通过建立市场机制推动养殖废弃物资源化利用。但是,当前我国养殖废弃物市场化运作还处于初级阶段,各方主体参与积极性不高,市场机制不健全,对养殖户采纳养殖废弃物资源化利用技术的推动力度不足。这主要表现在,一方面,价格机制没有发挥应有的作用。在调查中发现,施用有机肥的农产品在销售价格上没有显著提高。有些养殖场将资源化利用后产生的沼气免费给他人使用。这导致养殖废弃物资源化利用的市场价值不能通过价格来反映,从而降低了养殖户采纳资源化利用技术的积极性。另一方面,供求失衡导致粪肥销售难。由于粪肥存在见效慢、施用技术烦琐、运输成本高等问题,种植户多数不愿意使用粪肥,加之种植业存在季节性和峰值性,导致粪肥的需求和供给存在严重的失衡,粪肥销售较难。

3.5　本章小结

(1) 生猪养殖业快速规模化的发展直接导致养殖废弃物排放量的大幅增长。这些废弃物若能得到还田利用则可以减少大量化肥的使用,通过计算得到 2017 年全国生猪粪尿氮养分可利用量、磷养分可利用量、钾养分可利用量对氮肥、磷肥、钾肥的替代率分别达到 2.40%、7.85%、11.37%。同时,2017 年全国生猪粪污若用来生产沼气,则可产沼气 103.84 亿立方米。这意味着,我国生猪粪污的资源化利用价值巨大。

(2) 通过对吉林省生猪养殖户的调查发现:在生猪养殖户认知方面,52.69%和51.54%的生猪养殖户能够认识到随意排放养殖废弃物给空气、水体造成的污染;28.46%和21.46%的生猪养殖户能够认识到随意排放养殖废弃物给土壤、人类健康造成污染和危害。可见,生猪养殖户对养殖废弃物给环境和人类健康带来的危害认知较低。46.02%的生猪养殖户能够认识到养殖废弃物资源化利用技术具有经济价值；71.54%的生猪养殖户能够认识到养殖废弃物资源化利用技术具有社会价值；62.76%的生猪养殖户能够认识到养殖废弃物资源化利用技术具有生态价值。知道养殖废弃物资源化利用技术政策的生猪养殖户较少，实际享受到优惠政策的养殖户更少。生猪养殖户获得这些技术信息的渠道主要是"其他养殖户""邻居""村干部""农技人员"。

在技术采纳意愿方面，74%的生猪养殖户愿意采纳养殖废弃物资源化利用技术；75%的生猪养殖户愿意持续关注养殖废弃物资源化利用技术；67%的生猪养殖户愿意将养殖废弃物资源化利用技术推荐给他人。

在技术采纳行为方面，在615户被访生猪养殖户中，70.08%的生猪养殖户采纳了养殖废弃物资源化利用技术。生猪养殖户采纳的养殖废弃物资源化利用技术类型包括肥料化技术和能源化技术两类，其中样本总量61.30%的生猪养殖户采纳了肥料化技术，样本总量8.78%的生猪养殖户采纳了能源化技术。可见，养殖废弃物肥料化技术是当前吉林省生猪养殖户采纳的主要资源化利用技术类型。在未采纳养殖废弃物资源化利用技术的184户生猪养殖户中，有20户是将养殖废弃物销售或送人，还有163户选择直接丢弃养殖废弃物，占样本总量的29.92%，这一比例较高。生猪养殖户丢弃养殖废弃物的原因可以概括为两类：技术原因和经济原因。

在技术采纳绩效方面，从生态绩效来看，42.82%和27.78%的生猪养殖户表示采纳资源化利用技术对改善土壤肥力"作用较大"和"作用很大"；31.94%和20.83%的生猪养殖户表示采纳资源化利用技术对减少水体污染"作用较大"和"作用很大"；28.94%和15.97%的生猪养殖户表示采纳资源化利用技术对减少空气污染"作用较大"和"作用很大"。可见，半数左右的生猪养殖户对采纳生猪养殖废弃物资源化利用技术获得的生态绩效持肯定态度。从经济绩效来看，30.79%和18.80%的生猪养殖户表示采纳资源化利用技术对节约化肥成本和生活能源"作用较大"和"作用很大"；22.22%和6.49%的生猪养殖户表示采纳资源化利用技术对降低养殖成本"作用较大"和"作用很大"；26.26%和8.56%的生猪养殖户表示采纳资源化利用技术对增加收入"作用较大"和"作用很大"。总体而言，生猪养殖户对生猪养殖废弃物资源化利用技术在经济绩效方面的评价不高。从社会绩效来看，34.03%和22.45%的生猪养殖户表示采纳资源化利用技术对改善邻里关系"作用较大"和"作用很大"；43.61%和36.11%的生猪养殖户表示采纳资源化利用技术对改善与政府工作人员的关系"作用较大"和"作用很大";42.69%和34.10%的生猪养殖户表示采纳资源化利用技术对改善村容村貌"作用较大"和"作用很大"。总体而言,六成左右的生猪养殖户对生猪养殖废弃物资源化利用技术在社会绩效方面持肯定态度。

(3) 在养殖户废弃物资源化利用技术采纳过程中,存在养殖户认知不足、政府对技术采纳的支持力度不足、市场对技术采纳的推动力度不足等阻碍。

第四章　农户社会资本测度与特征分析

第三章主要阐述了吉林省农户养殖废弃物资源化利用技术采纳现状及阻碍。本章将采用合理的方法对养殖户的社会资本进行测度，并分析其社会资本的特征。本章重点介绍社会资本的测度方法，构建社会资本指标体系，进而分析养殖户社会资本特征，为后续章节的研究奠定基础。

4.1　农户社会资本指标体系构建

4.1.1　社会资本的测量

社会资本的测量一直是社会资本领域研究的重要问题，但是由于社会资本的概念一直存在分歧，所以在社会资本的测量方面也呈现出"百花齐放"的局面。福山曾指出，社会资本测量方法的不统一成为社会资本概念一个最大的弱点。社会资本是一种隐含的资本，测量时必须采用替代指标，但由于社会资本内涵的多维性导致其在指标选取方面很难做到普适性。较早提出社会资本测量指标的是世界银行的 Social Capital Assessment Tools（SCAT），在此基础上形成了 A-SCAT。该测量工具将社会资本分成结构性社会资本和认知性社会资本。其中结构性社会资本采用了 7 个问题，包括参与社团、参与公共事务、集体行动等；认知性社会资本采用了 11 个问题，包括信任、互惠、社会支持等。布伦、奥妮克丝（1997）认为，社会资本的测量应当包括信任和安全感、邻居间的联系、家庭与朋友的联系、生活价值等。林南（2005）认为，有三个因素决定了个体所拥有的社会资本数量和质量，分别是个体社会网络异质性、网络成员的社会地位、个体与网络成员的关系强度。Harpham（2007）在测量社会资本时使用了信任、网络、互惠、社会支持、非正式社会控制等指标。普特南（2001）将社会资本的测量指标分为三个维度：社会网络、社会规范、社会信任。纳拉扬和普里切通过对坦桑尼亚农村的考察，提出测量农村社会的指标为和睦相处、志愿主义、日常交往、一般规范、信任等指标。Fabio Sabatini（2009）则从志愿组织、强家庭关系、弱非正式关系、政治参与等方面对社会资本进行了测量。我国对社会资本测量的文献出现较晚。边燕杰（2004）从网络关系视角，选取网络规模、网络位差、网络规模作为测量社会资本的指标。胡荣（2006）从社会网络、信任、规范、互惠等维度探讨了社会资本与村民政治参与的联系。桂勇、黄荣贵（2008）将社会资本分为地方性社会网络、信任、社会支持、互惠、非正式社会互动、社区凝聚力、参与地方性社团或组织等方面。马九杰等（2008）主要从信息和交流、社会凝聚力、组织网络、集体行动与合作、赋权和政治参与、信任和团结维度考察农户社会资本。颜廷武等（2016）从社会资本的核心要素，即信任、互惠规范、公民参与网络三个维度对农民环境保护投资意愿的影响进行了实证研究。吴玉锋等（2019）选择信任维度对社会资本进行测量。刘庆、朱玉春（2015）选取社会网络和信任代表社会资本变量考察其对农户参与小型农田水利供给行为的影响。钱龙、钱文荣（2017）从社会网络维度测量农户的社会资本，具体分为亲缘社会资本和友缘社会资本。陈亮、顾乃康（2016）将社会资本分为宗亲血缘型社会资本、地缘区位型社会资本、声誉口碑型社会资本与政治身份型社会资本进行测量。胡伦等（2018）将社会资本分为原始社会资本和新型社会资本，其中原始社会资本包括亲戚间信任和老同学信任两个维度；新型社会资本包括空间流动、职业转换和业缘关系三个维度。史恒通等（2019）将从社会网络、社会信任、社会声望和社会参与四个维度测量社会资。

总体来看，由于研究地域、研究视角和目标的不同，学者们往往针对社会资本的一个或几个维度进行测量。但是，社会资本是多维的，选用单一维度对其进行测量容易出现遗漏变量偏误所导致的社会资本的内生性问题。例如，尽管社会关系网络与社会资本有着密切的关系，但是仍然不能将社会网络等同于社会资本。确切地说，社会网络仅是社会资源的载体和调动社会资源的途径和渠道。同理，不是所有嵌入社会网络的社会资源都等于社会资本，只有那些能被调动和利用的社会资源才是社会资本，而被称为社会资本的社会资源还会受到关系各方间情感的密切度、信任度、规范的有效程度等因素的影响。另外，学者们选取的社会资本维度主要包括社会网络、信任、互惠、规范、社区参与、社区凝聚力、集体行动、社会支持。然而，上述维度的划分并非完全合理。第一，有些维度是社会资本产生的结果而不是社会资本本身，如集体行动、社区参与通常被认为是社会资本的结果；第二，有些维度之间存在交叉，比如互惠与社会支持，邻里间对他人的社会支持本身就是对未来能得到互惠支持的一种期望。

因此，从我国农村实际情况出发，根据农村"熟人社会"的特征，本书认为，养殖户之间通过日常的接触可以发生面对面的交流，这种交流使养殖户间的舆论容易发挥作用，这种内部的信任、关系网络和规范是养殖户社会资本的基本特征。

4.1.2 指标设计原则

为了构建科学有效的社会资本指标体系，需要确定一些基本的指标设计原则。根据社会资本理论、相关文献，结合中国农村社会基本情况，本书对养殖户社会资本指标体系的设计遵循以下原则：首先，遵循系统性和全面性原则。社会资本指标体系的构建是一个系统的工程，其涉及的内容较多，因此，在构建社会资本指标体系时要从多角度进行综合全面考虑，尽可能全面反映社会资本指标的总体情况。其次，遵循层级性原则。社会资本指标体系的构建不仅要注重全面性还要有层级性，只有这样才能从不同层级充分反映养殖户社会资本的实际情况。再次，遵循可获得性原则。合理指标的构建离不开调研数据的可获得性，只有那些能够获得数据支撑的指标才是合理可用的指标。最后，遵循独立性原则。在选取指标时，应尽量保证各指标间的独立性，避免指标内容的简单重复带来不必要的指标测算麻烦。

4.1.3 指标体系的构建

4.1.3.1 指标体系构建框架

根据上述指标体系的构建原则，结合吉林省养殖户社会资本的实际情况以及本书对社会资本的界定，从社会网络、社会信任、社会规范三个维度对养殖户社会资本进行细分，同时参考现有文献对社会资本各个维度进行细化指标选择，构建本书养殖户社会资本指标体系框架（见图4-1）。养殖户社会资本测度指标体系共分为三个层次，总指标层是有待测量的社会资本总量，分指标层是对总指标层的进一步分解和细化，最终针对各测量维度进行具体问卷设计，构成了可操作层。

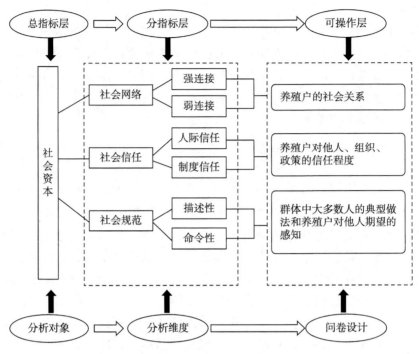

图 4-1　养殖户的社会资本指标体系构建框架

4.1.3.2　社会资本测量指标描述

根据前面指标体系构建及本书第二章对社会资本的定义，选取社会网络、社会信任、社会规范三个维度测量养殖户社会资本情况。

社会网络也被称为关系，是社会资本的一项重要内容，主要指人与人之间的直接社会关系和通过物质及文化而结成的间接社会关系。Granovetter（1973）第一次提出了关系强度的概念，他认为关系网络可以分为强关系和弱关系两种类型。关系的强弱决定了能够获得信息的性质以及个人达到其行动目的的可能性。那些受教育程度、收入水平、职业等个体及社会经济特征相似的个体间发展起来的网络关系被称为"强关系"，拥有强关系的网络成员在各方面均具有较大的趋同性，他们之间的人际关系主要由强烈的情感因素维系。而在社会经济特征不同的个体间发展起来的网络关系被称为"弱关系"，拥有弱关系的网络成员在各方面均具有异质性，个体间的关系不紧密，但获得的信息是多方面的，成员往往能够获得更多的外部信息。基于此，本书将社会网络分为强连接网络和弱连接网络两个维度。借鉴相关文献，选择养殖户与亲戚、邻居、朋友之间的交往频率作为强连接网络的表征指标；选择养殖户与村干部、同村其他养殖户、养殖技术推广人员的交往频率作为弱连接网络的表征指标。

社会信任是个体基于他人会在没有监督或控制的情况下采取对自己重要行动的期望。信任的核心是风险的评估，付出信任一方是出于对被信任方的善意、能力和诚信的评估而产生的机会主义行为。信任是社会资本重要的组成部分，在一个群体中，信任水平越高，产生互惠行为的可能性越大。根据信任对象的不同，学者们通常将信任划分为人际信任与制度信任。人际信任发生于亲友、邻居、同事等，是人与人之间的情感桥梁；制度信任通常基于法律、政治等因素，是一种"非人际"关系层面的信任，通常表现为人们对于政府部门、正式规章制度的信任。由于这两类信任产生的机制不同，相关文献中通常将信任的这两种维度加以区分。因此，本书借鉴何可等（2015）、林聚任等（2005）的研究将信任分为人际信任和制度信任两个维度，选择养殖户对亲戚、邻居和朋友、同村其他养殖户的信任程度作为人际信任的表征指标，选择养殖户对村委会、养殖技术推广部门、环保政策的信任程度作为制度信任的表征指标。

社会规范是社会演化过程中逐渐形成的，在个体间起着调节、评价等功能。它是群体中每个成员都应遵守的一系列非正式规则，这些规则体现了群体成员共同的价值观和信念。群成员接受一种规范并将其内化为自己的行为准则，并且要求其他人同样遵守这一准则，此时这个准则就成为群体成员普遍接受并能长期稳定地发挥约束作用的规范。当然，规范运行常常伴有各种奖励和惩罚措施，这种奖励和惩罚主要是指赞扬、认同、被孤立、声誉受损等非正式的奖惩，这些措施会形成一种"软约束"将群体成员的行为约束在规范里。社会规范通常包括描述性规范和命令性规范两个维度（张福德，2016）。描述性规范是指群体中的典型做法，其对个体行为的影响最为直接。描述性规范对行为的影响机制源于人们的从众心理，人们通常会参照群体中多数人的行为而行事，因为这样做可以不用进行价值判断，更不用担心社会制裁问题，是最合理、最安全的行为选择。命令性规范是指群体对某行为赞成或反对的态度，其对行为的影响机制源于群体的奖励或制裁。如果个体的行为与群体的态度不一致，将会受到排挤、谴责、孤立等非正式制裁。而如果个体行为遵从命令性规范则会得到尊重、认可、合作等精神利益和物质利益。因此，借鉴李文欢（2019）、陈欣如（2018）的研究，考虑到养殖户在养殖废弃物资源化利用技术采纳方面可能受到亲朋好友、村干部、同村其他养殖户行为的影响，选择亲朋好友、村干部、同村其他养殖户是否采纳养殖废弃物资源化利用技术表征描述性规范；考虑到为了获得认可、避免被孤立，养殖户在养殖废弃物资源化利用技术采纳方面的行为会与群体赞成或反对的态度保持一致，选择村干部、亲朋好友和同村其他养殖户是否认为养殖户应该采纳养殖废弃物资源化利用技术表征命令性规范。具体测量维度及指标如表4-1所示。

表4-1 养殖户的社会资本指标体系

一级指标	二级指标	具体问题	变量赋值
社会网络	强连接网络	您与亲戚的交往频率（YN1）	从不交往=1，偶尔交往=2，一般=3，频繁交往=4，经常交往=5
		您与邻居的交往频率（YN2）	从不交往=1，偶尔交往=2，一般=3，频繁交往=4，经常交往=5
		您与朋友的交往频率（YN3）	从不交往=1，偶尔交往=2，一般=3，频繁交往=4，经常交往=5
	弱连接网络	您与村干部的交往频率（YN4）	从不交往=1，偶尔交往=2，一般=3，频繁交往=4，经常交往=5
		您与同村其他养殖户的交往频率（YN5）	从不交往=1，偶尔交往=2，一般=3，频繁交往=4，经常交往=5
		您与养殖技术推广人员的交往频率（YN6）	从不交往=1，偶尔交往=2，一般=3，频繁交往=4，经常交往=5
社会信任	人际信任	您对亲戚的信任程度（YT1）	完全不信任=1，较不信任=2，一般=3，较信任=4，非常信任=5
		您对邻居和朋友的信任程度（YT2）	完全不信任=1，较不信任=2，一般=3，较信任=4，非常信任=5
		您对同村其他养殖户的信任程度（YT3）	完全不信任=1，较不信任=2，一般=3，较信任=4，非常信任=5
	制度信任	您对村委会的信任程度（YT4）	完全不信任=1，较不信任=2，一般=3，较信任=4，非常信任=5
		您对养殖技术推广部门的信任程度（YT5）	很不信任=1，较不信任=2，一般=3，较信任=4，很信任=5
		您对环保政策的信任程度（YT6）	完全不信任=1，较不信任=2，一般=3，较信任=4，非常信任=5

续表

一级指标	二级指标	具体问题	变量赋值
社会规范	描述性规范	亲友中采纳养殖废弃物资源化利用技术的人数比例（YS1）	20%以下=1，21%~40%=2，41%~60%=3，61%~80%=4，81%以上=5
		村干部中采纳养殖废弃物资源化利用技术的人数比例（YS2）	20%以下=1，21%~40%=2，41%~60%=3，61%~80%=4，81%以上=5
		同村其他养殖户中采纳养殖废弃物资源化利用技术的人数比例（YS3）	20%以下=1，21%~40%=2，41%~60%=3，61%~80%=4，81%以上=5
	命令性规范	亲友认为您应该采纳养殖废弃物资源化利用技术（YS4）	完全不同意=1，比较不同意=2，一般=3，比较同意=4，完全同意=5
		村干部认为您应该采纳养殖废弃物资源化利用技术（YS5）	完全不同意=1，比较不同意=2，一般=3，比较同意=4，完全同意=5
		同村其他养殖户认为您应该采纳养殖废弃物资源化利用技术（YS6）	完全不同意=1，比较不同意=2，一般=3，比较同意=4，完全同意=5

4.2　农户社会资本测度

4.2.1　数据来源

本书所用数据来自课题组 2017 年 9 月至 11 月，在吉林省畜牧大县梨树县、农安县、德惠市、榆树市、公主岭市、九台市进行的实地调研。本次调研共发放 633 份问卷，剔除信息有明显错误和前后矛盾的问卷，共获得有效问卷 615 份，问卷有效率 97.16%。所用样本具体情况，详见第三章所述。

4.2.2　社会资本指数测度方法

本章选择使用因子分析法对社会资本进行测度。因子分析法是利用降维的思想，将众多变量根据它们之间的相关关系，归纳为几个综合因子的一种统计方法。由于本书中社会资本包含多个指标变量，为了能够将变量进行降维和简化，因此选择因子分析法比较适合。因子分析法的具体步骤如下：

（1）标准化处理

在实际中社会资本测度指标选取的时候各指标会出现数量级和单位不一致的情况，导致指标间不能直接加总，从而无法准确测算出社会资本总指数。由此，在因子分析前有必要先将原始变量量纲去除，也就是标准化处理社会资本的各个表征指标，从而避免各指标无法加总的问题。本章采取 Z-score 法对原始指标进行标准化：

$$y_i = \frac{x_i - \bar{x}}{s} \tag{4-1}$$

其中，$x = \frac{1}{n}\sum_{i=1}^{n} x_i$，$s = \sqrt{\frac{1}{n-1}}\sqrt{\sum_{i=1}^{n}(x_i - \bar{x})^2}$。

（2）构造因子分析模型

根据因子分析的要求，将 n 个原始变量进行标准化（即均值为 0，标准差为 1），标准化后的 n 个变量可以由 k 个因子 f_1，f_2，…，f_k 表示为线性组合。因子分析法的核心思想是分析变量相关系数矩阵的内部结构，进而识别出少数能够控制原始变量的因子 f_1，f_2，…，f_k，这些被识别出的少数几个因子被称为公共因子。识别的原则是尽可能包含更多的原始变量信息，然后建立因子分析模型，利用公共因子达到降维的目的。其基本公式为：

$$x_1 = a_{11}f_1 + a_{12}f_2 + \cdots + a_{1k}f_k + \varepsilon_1$$
$$x_2 = a_{21}f_1 + a_{22}f_2 + \cdots + a_{2k}f_k + \varepsilon_2$$
$$\cdots\cdots$$
$$x_n = a_{n1}f_1 + a_{n2}f_2 + \cdots + a_{nk}f_k + \varepsilon_n \tag{4-2}$$

利用矩阵形式可表示为 $X = AF + \varepsilon$。其中 X 为可观测的 n 维变量矢量；矩阵 A 为因子载荷矩阵，其元素 a_{ij} 称为因子载荷；F 为因子矢量，每一个分量表示一个因子，也称为公共因子；ε 为特殊因子，表示原始变量中不能由因子解释的部分。

（3）公因子提取及命名

有三种方法用于提取社会资本的公共因子：①选择特征值大于 1 的因子作为公共因子；②提取碎石图拐点之前的因子作为公共因子；③选取累计方差贡献率大于 80% 的因子作为公共因子。提取公共因子之后，根据其涵盖的内容对公共因子进行命名。在实证分析中，借助因子载荷矩阵分析，比较各主因子在原始指标上占据的载荷，根据载荷较高的原始变量的内涵对公共因子进行命名。

（4）测算综合因子得分

结合各因子权重及得分情况，得出不同维度社会资本指标得分，具体公式如下：

$$S_{in} = \sum_{g=1}^{m} W_{ing} S_{ing}$$

其中，S_{in} 表示第 i 个养殖户第 n 个社会资本维度指标评价值，S_{ing} 表示第 i 个养殖户第 n 个社会资本维度中第 g 个主因子得分，第 g 个主因子的权重由 W_{ing} 表示，即第 g 个主因子方差贡献率除以总方差贡献率，m 表示各社会资本维度主因子个数。然后，根据各维度指标得分及权重，计算得出养殖户社会资本指数。

养殖户社会资本指数表达式为：

$$HSZ = HSZ_i\,(SN_i,\ ST_i,\ SG_i) = R_1 \times SN_i + R_2 \times ST_i + R_3 \times SG_i$$

其中，HSZ_i 表示第 i 个养殖户的社会资本指数，SN_i 表示第 i 个养殖户的社会网络得分，ST_i 表示第 i 个养殖户的信任得分，SG_i 表示第 i 个养殖户的规范得分，用 R_i（$i=1$，2，3）表示各维度的权重。

4.2.3　测度结果分析

4.2.3.1　因子分析的适用性

为了保证结果的准确性，在进行因子分析前，有必要对样本数据的质量，也就是因子分析的适用性进行检验。检验方法主要包括信度检验和效度检验。

（1）信度检验

信度检验就是对数据的可靠性进行检验，通常将 Cronbach's α 系数作为验证数据可靠性的依据。通常量表的 Cronbach's α 系数在 0.8 以上说明数据的信度很好，Cronbach's α 系数在 0.7 ~ 0.8，说明数据的信度较好，Cronbach's α 系数在 0.6 以下，说明数据的信度不足。本书利用 SPSS23.0 进行信度分析，结果如表 4-2 所示，社会网络、社会信任、社会规范的 Cronbach's α 系数分别为 0.801、0.817、0.804，均大于 0.7，说明样本数据具有较好的信度，评价指标是相对合适的。

表 4-2　数据信度检验

维度	问项数量	Cronbach's α 系数
社会网络	6	0.801
社会信任	6	0.817
社会规范	6	0.804

资料来源：SPSS 运算结果。

（2）效度检验

观察变量效度检验，通常需要利用 KMO 检验。KMO 检验的标准一般为，0.9 以上表示非常适合因子分析，0.7~0.9 表示适合因子分析，0.6~0.7 表示勉强适合因子分析，而 0.6 以下则表示不太适合进行因子分析。本书运用 SPSS23.0 软件对样本数据进行分析，如表 4-3 所示，KMO 值分别为 0.781、0.776、0.797，均大于 0.7，且 Bartlett 球形检验的近似卡方值均在 1%水平上显著，说明样本数据的效度较高适合做因子分析。

表 4-3　效度检验

维度	KMO 值	Bartlett 球形检验
社会网络	0.781	P = 0.000
社会信任	0.776	P = 0.000
社会规范	0.797	P = 0.000

资料来源：SPSS 运算结果。

4.2.3.2　社会资本指数计算

（1）社会网络指数计算

表 4-4 所示析出的因子对社会网络变量总方差的解释程度。可见 6 个公因子的累计方差贡献率为 100%，即 6 个公因子能完全解释社会网络的总体变异。虽然公因子个数越多，对原始变量的解释程度越高，但是，实际应用中，通常没有必要对原始变量进行 100%的解释。因此，需要按照一定的标准对提取的公因子进行取舍。根据上文所述方法，本书采用主成分分析法，按照特征值大于 1 的原则提取了 2 个公因子（因子 1、因子 2），方差贡献率分别为 41.930%、38.419%，累计方差贡献率为 80.349%。通常的标准是，当各因子的累计方差贡献率大于 70%就说明析出的公因子能够较好地表征所有测度的原始变量的结构。这说明，本书对社会网络变量的公因子提取是合适的。

表 4-4   总方差解释和因子贡献率

成分	初始特征值			提取载荷平方和			旋转载荷平方和		
	总计	方差的%	累积%	总计	方差的%	累积%	总计	方差的%	累积%
因子1	3.158	52.631	52.631	3.158	52.631	52.631	2.516	41.930	41.930
因子2	1.663	27.718	80.349	1.663	27.718	80.349	2.305	38.419	80.349
因子3	0.556	9.272	89.621						
因子4	0.322	5.368	94.989						
因子5	0.180	2.995	97.984						
因子6	0.121	2.016	100.000						

为了更方便地分析社会网络变量，在因子分析提取公因子后，需要对公因子进行命名。如表4-5所示，本章采用旋转后的因子载荷矩阵对公因子进行命名。由表4-5中数据可以看出，各公因子对不同变量的因子载荷呈现出显著差异。因子载荷值越大，公因子与表征指标的关系越紧密。由表4-5可知，养殖户与亲戚的交往频率、与邻居的交往频率、与朋友的交往频率这三个指标在公因子1上的载荷值最高，分别为0.930、0.873、0.905，这些指标表示养殖户与亲密社会关系的交往情况，因此将这类指标命名为"强连接网络"。养殖户与村干部的交往频率、同村其他养殖户的交往频率、养殖技术推广人员的交往频率这三个指标在公因子2上的载荷值最高，分别为0.913、0.922、0.742，这些指标表示养殖户与其他社会关系的交往情况，因此将这类指标命名为"弱连接网络"。与理论维度划分一致。

表 4-5   旋转后的成分矩阵

变量名	因子1	因子2
您与亲戚的交往频率	0.930	0.174
您与邻居的交往频率	0.873	0.191
您与朋友的交往频率	0.905	0.074
您与村干部的交往频率	0.171	0.913
您与同村其他养殖户的交往频率	0.045	0.922
您与养殖技术推广人员的交往频率	0.198	0.742

根据各因子得分，以旋转后的方差贡献率为权重可以计算出社会网络的指标值。计算公式如下：

$$SN = (SNQ \times 0.41930 + SNR \times 0.38419) / 0.80349$$

其中，SN 表示社会网络指数，SNQ 表示强连接关系，SNR 表示弱连接关系。

（2）社会信任指数计算

表 4-6 所示析出的因子对社会信任变量总方差的解释程度。可见 6 个公因子的累计方差贡献率为 100%，即 6 个公因子能完全解释社会网络的总体变异。虽然公因子个数越多，对原始变量的解释程度越高，但是，实际应用中，通常没有必要对原始变量进行 100% 的解释。因此，需要按照一定的标准对提取的公因子进行取舍。根据上文所述方法，本书采用主成分分析法，按照特征值大于 1 的原则提取了 2 个公因子（因子 1、因子 2），方差贡献率分别为 38.447%、35.747%，累计方差贡献率为 74.194%。通常的标准是，当各因子的累计方差贡献率大于 70% 就说明析出的公因子能够较好地表征所有测度的原始变量的结构。这说明，本书对社会信任变量的公因子提取是合适的。

表 4-6　总方差解释和因子贡献率

成分	初始特征值			提取载荷平方和			旋转载荷平方和		
	总计	方差的%	累积%	总计	方差的%	累积%	总计	方差的%	累积%
因子 1	3.301	55.016	55.016	3.301	55.016	55.016	2.307	38.447	38.447
因子 2	1.151	19.177	74.194	1.151	19.177	74.194	2.145	35.747	74.194
因子 3	0.533	8.887	83.081						
因子 4	0.480	8.003	91.084						
因子 5	0.360	6.002	97.086						
因子 6	0.175	2.914	100.000						

为了更方便地分析社会信任变量，在因子分析提取公因子后，需要对公因子进行命名。如表 4-7 所示，本章采用旋转后的因子载荷矩阵对公因子进行命名。由表 4-7 中数据可以看出，各公因子对不同变量的因子载荷呈现出显著差异。因子载荷值越大，公因子与表征指标的关系越紧密。由表 4-7 可知，养殖户对亲戚的信任程度、对邻居和朋友的信任程度、对同村其他养殖户的信任程度这三个指标在公因子 1 上的载荷值最高，分别为 0.929、0.729、0.885，这些指标表示养殖户与其他个人之间的信任状况，因此将这类指标命名为"人际信任"。养殖户对村委会的信任程度、对养殖技术推广部门的信任程度、对环保政策的信任程度这三个指标在公因子 2 上的载荷值最高，分别为 0.824、0.841、0.734，这些指标表示养殖户

对政府部门、相关政策等非个人的信任状况，因此将这类指标命名为"制度信任"。与理论维度划分一致。

表 4-7　旋转后的成分矩阵

变量名	因子 1	因子 2
您对亲戚的信任程度	0.929	0.079
您对邻居和朋友的信任程度	0.729	0.283
您对同村其他养殖户的信任程度	0.885	0.365
您对村委会的信任程度	0.174	0.824
您对养殖技术推广部门的信任程度	0.173	0.841
您对环保政策的信任程度	0.263	0.734

根据各因子得分，以旋转后的方差贡献率为权重可以计算出社会信任的指标值。计算公式如下：

$$ST =（STR×0.38447+STZ×0.35747）/0.74194$$

其中，ST 表示社会信任指数，STR 表示人际信任，STZ 表示制度信任。

（3）社会规范指数计算

表 4-8 所示析出的因子对社会规范变量总方差的解释程度。可见 6 个公因子的累计方差贡献率为 100%，即 6 个公因子能完全解释社会规范的总体变异。虽然公因子个数越多，对原始变量的解释程度越高，但是，实际应用中，通常没有必要对原始变量进行 100% 的解释。因此，需要按照一定的标准对提取的公因子进行取舍。根据上文所述方法，本书采用主成分分析法，按照特征值大于 1 的原则提取了 2 个公因子（因子 1、因子 2），方差贡献率分别为 38.322%、34.110%，累计方差贡献率为 72.431%。通常的标准是，当各因子的累计方差贡献率大于 70% 就说明析出的公因子能够较好地表征所有测度的原始变量的结构。这说明，本书对社会规范变量的公因子提取是合适的。

表 4-8　总方差解释和因子贡献率

成分	初始特征值			提取载荷平方和			旋转载荷平方和		
	总计	方差的%	累积%	总计	方差的%	累积%	总计	方差的%	累积%
因子 1	3.298	54.961	54.961	3.298	54.961	54.961	2.299	38.322	38.322
因子 2	1.048	17.471	72.431	1.048	17.471	72.431	2.047	34.110	72.431
因子 3	0.596	9.937	82.369						

续表

成分	初始特征值			提取载荷平方和			旋转载荷平方和		
	总计	方差的%	累积%	总计	方差的%	累积%	总计	方差的%	累积%
因子4	0.416	6.931	89.300						
因子5	0.360	6.002	95.302						
因子6	0.282	4.698	100.000						

为了更方便地分析社会规范变量，利用因子分析法提取公因子后，需要对公因子进行命名。如表4-9所示，本章采用旋转后的因子载荷矩阵对公因子进行命名。由表4-9中数据可以看出，各公因子对不同变量的因子载荷呈现出显著差异。因子载荷值越大，公因子与表征指标的关系越紧密。由表4-9可知，亲友中采纳养殖废弃物资源化利用技术的人数占比、村干部中采纳养殖废弃物资源化利用技术的人数占比、同村其他养殖户中采纳养殖废弃物资源化利用技术的人数占比，这三个指标在公因子1上的载荷值最高，分别为0.821、0.886、0.796，这些指标表示养殖户所了解的其他人采纳养殖废弃物资源化利用技术的现实情况，因此将这类指标命名为"描述性规范"。亲友认为您应该采纳养殖废弃物资源化利用技术、村干部认为您应该采纳养殖废弃物资源化利用技术、同村其他养殖户认为您应该采纳养殖废弃物资源化利用技术，这三个指标在公因子2上的载荷值最高，分别为0.842、0.849、0.676，这些指标表示养殖户感知到的其他人对其采纳养殖废弃物资源化利用技术的期望，因此将这类指标命名为"命令性规范"。与理论维度划分一致。

表4-9 旋转后的成分矩阵

变量名	因子1	因子2
亲友中采纳养殖废弃物资源化利用技术的人数占比	0.821	0.286
村干部中采纳养殖废弃物资源化利用技术的人数占比	0.886	0.180
同村其他养殖户中采纳养殖废弃物资源化利用技术的人数占比	0.796	0.215
亲友认为您应该采纳养殖废弃物资源化利用技术	0.185	0.842
村干部认为您应该采纳养殖废弃物资源化利用技术	0.163	0.849
同村其他养殖户认为您应该采纳养殖废弃物资源化利用技术	0.383	0.676

根据各因子得分，以旋转后的方差贡献率为权重可以计算出社会信任的指标值。计算公式如下：

$$SG = （SGM×0.38322+SGL×0.34110）/0.72431$$

其中，SG 表示社会信任指数，SGM 表示描述性规范，SGL 表示命令性规范。

（4）社会资本综合指数计算

最终根据不同维度的社会资本得分，得到各个维度的权重，养殖户社会资本指数的综合表达式为：

$$HSZ_i = 0.437×SN_i+0.309×ST_i+0.254×SG_i$$

可见，社会网络在社会资本中的权重最高，为 0.437，这说明社会网络对社会资本培育起到最重要的作用。社会规范在社会资本中的权重最小，为 0.254，可能的原因是当前农村人口流动较大，农村社会规范的约束力有所减弱。

4.3　社会资本不同维度的特征分析

4.3.1　社会网络的特征分析

4.3.1.1　原始表征指标的分析

由表 4-10 可知，在强连接关系中，养殖户与亲戚、邻居、朋友交往频率的均值分别为 4.66、4.53、4.12，说明与邻居和朋友相比，养殖户和亲戚的交往是最频繁的，因为在农村这个"亲缘"社会中亲戚在同村的现象比较普遍，无论是平时还是过年过节亲戚之间的互动都是比较频繁的。在弱连接关系中，养殖户与村干部、同村其他养殖户、养殖技术推广人员交往频率的均值分别为 3.27、3.48、3.18，说明相较于村干部、养殖技术推广人员，养殖户与同村其他养殖户的交往最为频繁，而与养殖技术推广人员的交往最少。

表 4-10　社会网络指标的描述性统计

指标名称	Mean	Std.	Min	Max
与亲戚的交往频率	4.66	0.58	3	5
与邻居的交往频率	4.53	0.74	2	5
与朋友的交往频率	4.12	0.87	2	5

续表

指标名称	Mean	Std.	Min	Max
与村干部的交往频率	3.27	0.95	1	5
与同村其他养殖户的交往频率	3.48	1.02	2	5
与养殖技术推广人员的交往频率	3.18	1.17	1	5

从表4-11可以看出，有1.12%的养殖户与村干部是从不交往的，而这一比例在亲戚、邻居、朋友这三类被交往对象上为0，而在同村其他养殖户、养殖技术推广人员这两类被交往对象上分别为0.98%和0.87%，这说明某些养殖户在选择交往对象时会存在排外性。同时，根据表4-11还可以看出，养殖户对亲戚、邻居、朋友的经常交往比例较高，为63.88%、54.12%、45.10%，也有31.21%的养殖户与村干部保持着频繁的交往，有19.51%的养殖户与村干部经常交往。但与同村其他养殖户和养殖技术推广人员经常交往的养殖户仅占全部样本户的15.34%和10.68%。

表4-11　社会网络指标的具体分布情况　　　　　　单位：%

指标名称	从不交往	偶尔交往	一般	频繁交往	经常交往
与亲戚的交往频率	0.00	0.00	1.67	34.45	63.88
与邻居的交往频率	0.00	1.21	3.78	40.89	54.12
与朋友的交往频率	0.00	3.23	5.45	46.22	45.10
与村干部的交往频率	1.12	10.25	37.56	31.21	19.51
与同村其他养殖户的交往频率	0.98	20.14	28.79	34.75	15.34
与养殖技术推广人员的交往频率	0.87	23.85	37.36	27.24	10.68

4.3.1.2　技术采纳者与未采纳者的社会网络指标对比

如表4-12所示，为对比养殖废弃物资源化利用技术采纳者与未采纳者的社会网络差异，对两者社会网络的原始指标值分别进行了统计分析。由表中数据可以看出，采纳资源化利用技术养殖户的社会网络各指标均值均高于未采纳该类技术的养殖户。这说明，采纳资源化利用技术的养殖户更倾向于同亲朋好友、村干部、其他养殖户、养殖技术推广人员进行互动交流，形成良好的网络关系，并在生产生活方面交换信息，从而间接表明社会网络对养殖户废弃物资源化利用技术采用存在促进作用。

表4-12　技术采纳者和技术未采纳者社会网络指标描述性统计

指标名称	技术采纳者		技术未采纳者	
	Mean	Std.	Mean	Std.
与亲戚的交往频率	4.67	0.50	4.61	0.64
与邻居的交往频率	4.30	1.01	4.19	0.94
与朋友的交往频率	4.31	0.74	4.08	1.12
与村干部的交往频率	3.51	0.93	3.33	1.01
与同村其他养殖户的交往频率	3.30	0.95	3.27	0.84
与养殖技术推广人员的交往频率	3.25	0.86	3.13	0.98

4.3.2　社会信任的特征分析

4.3.2.1　原始表征指标的分析

表4-13是对信任指标的描述性统计，在人际信任变量中，养殖户对亲人的信任最高，均值为4.02，主要原因可能是，由于血脉相连以及逢年过节的经常走动，亲戚关系是养殖户社会关系中最重要的一部分，养殖户对亲戚的信任和依赖程度也最大。相比养殖户对邻居和朋友的信任，其对非友邻的同村其他养殖户的信任较低。可能的解释是，由于养殖户与友邻的信息交换和互助互利活动更为频繁，在无形中养殖户与友邻的关系更为紧密，信任感也相应更强。在制度信任中，养殖户对村委会的信任程度均值为3.67，高于养殖户对养殖技术推广部门（3.44）和环保政策（3.21）的信任，可能的原因是，在村委会中的村干部是全体农户选举产生的，由在村中有一定组织能力的人担当，且政府的相关政策也是由村干部来传达和执行的，平时与养殖户的接触相对较多，从而增加了养殖户对村委会的信任。由于现在政府技术推广服务次数较少，不能满足生猪养殖户多样化的技术需求，环境规制和扶持政策体系不完善，无法对养殖户资源化利用技术的采纳行为形成有效的激励，从而导致养殖户对养殖技术推广部门和环保政策的信任较低。

表4-13　信任指标的描述性统计

指标名称	Mean	Std.	Min	Max
对亲戚的信任	4.02	1.04	2	5

续表

指标名称	Mean	Std.	Min	Max
对邻居和朋友的信任	3.92	0.79	2	5
对同村其他养殖户的信任	3.88	0.78	2	5
对村委会的信任	3.67	1.06	2	5
对养殖技术推广部门的信任	3.44	0.94	1	5
对环保政策的信任	3.21	1.12	1	5

从表4-14可以看出，有16.06%的养殖户对养殖技术推广部门是完全不信任和较不信任的，有45.32%的养殖户对养殖技术推广部门的信任程度为一般。可能的原因是，技术推广人员通常只在技术推广初期到户访问，而在技术使用过程中却很少有技术推广人员来指导，所以养殖户对技术推广人员的信任度不高。有28.33%的养殖户对环保政策完全不信任和较不信任，而对环保政策非常信任的养殖户仅占样本养殖户总数的9.12%。通过调研发现，多数养殖户对环保政策并不了解，有些甚至根本不知道现行的环保政策，因此，养殖户对环保政策的信任度较低。有一半左右的养殖户对亲戚、友邻、同村其他养殖户的信任程度为"较信任"。这主要是因为，养殖户平时与亲戚、友邻、同村其他养殖户的交往比较频繁，相互交换的信息较多，彼此也更为熟悉，这就加深了养殖户对他们的信任。

表4-14 信任指标的具体分布情况　　　　　单位：%

指标名称	完全不信任	较不信任	一般	较信任	非常信任
对亲戚的信任	0.00	1.02	21.10	64.32	13.56
对邻居和朋友的信任	0.00	8.67	32.89	48.77	9.67
对同村其他养殖户的信任	0.00	9.22	33.43	43.89	13.46
对村委会的信任	0.00	10.69	40.81	38.65	9.85
对养殖技术推广部门的信任	2.02	14.04	45.32	33.66	6.98
对环保政策的信任	10.24	18.09	42.11	20.44	9.12

4.3.2.2　技术采纳者与未采纳者的社会信任指标对比

如表4-15所示，为对比养殖废弃物资源化利用技术采纳者与未采纳者的社会信任差异，对两者社会信任的原始指标值分别进行了统计分析。由表中数据可以看出，采纳资源化利用技术养殖户的信任各指标均值均高于未采纳该类技术的养殖户。这说明，与没有采纳养殖废弃物资源化利用技术的养殖户相比，采纳该类技术的养殖户对亲朋好友、村委会、技术推广人员、环保政策的信任程度更高，更愿意接收他们提供的信息，从而间接表明社会信任的提高对养殖户废弃物资源化利用技术采用存在促进作用。

表 4-15　技术采纳者和技术未采纳者社会信任指标描述性统计

维度	指标名称	技术采纳者		技术未采纳者	
		Mean	Std.	Mean	Std.
人际信任	对亲戚的信任	4.13	0.97	4.01	1.05
	对邻居和朋友的信任	4.02	0.71	3.87	0.80
	对同村其他养殖户的信任	3.91	0.76	3.82	0.79
制度信任	对村委会的信任	3.71	0.94	3.65	1.01
	对养殖技术推广部门的信任	3.52	0.91	3.41	0.98
	对环保政策的信任	3.43	0.93	3.15	1.17

4.3.3　社会规范的特征分析

4.3.3.1　原始表征指标的分析

表 4-16 是对社会规范指标的描述性统计，在描述性规范变量中，"村干部中采纳养殖废弃物资源化利用技术的人数占比"均值最高，为4.13，主要原因是，与普通农户相比，村干部的环保意识和技术接受能力更强，对国家的环保政策也更了解，而且村干部通常要起到带头作用，因此在村干部中采纳养殖废弃物资源化利用技术的人数比例也最多。在命令性规范变量中，养殖户所感受到的压力大小按来源排序依次是村干部、亲友、同村其他养殖户。这主要是因为，村干部作为基层的管理人员会以政府的政策要求为依据来约束村民的行为，甚至有权力对违反政府规定的村民进行处罚。因此，养殖户感知到的来自村干部的压力是最大的。对于同村其他养殖户而言，即使对养殖户的污染行为有不满，但碍于"面子"，通常不会将不满的情绪直接告知养殖户，因此，养殖户感知到的来自其他养殖户的压力是最小的。

表4-16 社会规范指标的描述性统计

指标名称	Mean	Std.	Min	Max
亲友中采纳养殖废弃物资源化利用技术的人数占比	3.56	1.07	1	5
村干部中采纳养殖废弃物资源化利用技术的人数占比	4.13	0.94	2	5
同村其他养殖户中采纳养殖废弃物资源化利用技术的人数占比	3.42	1.12	1	5
亲友认为您应该采纳养殖废弃物资源化利用技术	3.46	0.72	1	5
村干部认为您应该采纳养殖废弃物资源化利用技术	4.18	0.83	1	5
同村其他养殖户认为您应该采纳养殖废弃物资源化利用技术	3.43	1.02	1	5

表4-17反映的是养殖户社会规范指标在各个测量维度的占比情况。该表显示，认为村干部中61%以上的人都采纳了养殖废弃物资源化利用技术的养殖户占样本总数的比例最高。这说明，村干部对该类技术的采纳率较高。可能的原因是，村干部作为政府相关政策的传达者和政策执行的监督者，为了起到带头作用，村干部通常会率先采纳养殖废弃物资源化利用技术。

表4-17 社会规范指标的具体分布情况　　　　单位：%

指标名称	≤20% 完全 不同意	21%~40% 比较 不同意	41%~60% 一般	61%~80% 比较 同意	≥81% 完全 同意
亲友中采纳养殖废弃物资源化利用技术的人数占比	18.02	15.62	21.51	25.34	19.51
村干部中采纳养殖废弃物资源化利用技术的人数占比	0.00	14.60	19.22	40.79	25.39
同村其他养殖户中采纳养殖废弃物资源化利用技术的人数占比	13.22	16.56	31.12	26.45	12.65
亲友认为您应该采纳污染治理技术	9.66	14.23	29.88	35.90	10.33
村干部认为您应该采纳污染治理技术	2.67	7.91	30.64	40.23	18.55

续表

指标名称	≤20%	21%~40%	41%~60%	61%~80%	≥81%
	完全 不同意	比较 不同意	一般	比较 同意	完全 同意
同村其他养殖户认为您应该采纳污染治理技术	4.43	9.10	37.88	33.36	15.23

4.3.3.2　技术采纳者与未采纳者的社会规范指标对比

如表 4-18 所示，为对比养殖废弃物资源化利用技术采纳者与未采纳者的社会规范指标差异，对两者社会规范的原始指标值分别进行了统计分析。由表中数据可以看出，采纳养殖废弃物资源化利用技术养殖户的社会规范各指标均值均高于未采纳养殖废弃物资源化利用技术的养殖户。可能的解释是，与没有采纳养殖废弃物资源化利用技术的养殖户相比，采纳该类技术的养殖户对社会规范的感知更加敏锐，对个人的要求也更高，从而间接表明社会规范对养殖户废弃物资源化利用技术采用存在促进作用。

表 4-18　技术采纳者和技术未采纳者社会规范指标描述性统计

维度	指标名称	技术采纳者		技术未采纳者	
		Mean	Std.	Mean	Std.
描述性规范	亲友中采纳养殖废弃物资源化利用技术的人数占比	3.33	0.75	3.28	0.93
	村干部中采纳养殖废弃物资源化利用技术的人数占比	4.21	0.91	4.15	0.98
	同村其他养殖户中采纳养殖废弃物资源化利用技术的人数占比	3.25	0.89	3.13	1.14
命令性规范	亲友认为您应该采纳养殖废弃物资源化利用技术	3.54	0.71	3.42	0.78
	村干部认为您应该采纳养殖废弃物资源化利用技术	4.23	0.83	4.07	0.81
	同村其他养殖户认为您应该采纳养殖废弃物资源化利用技术	3.44	0.97	3.35	1.01

4.4　本章小结

　　根据本书对社会资本内涵的界定，在已有文献基础上，结合吉林省生猪养殖户现实情况构建了社会资本指标表征体系。进而，利用因子分析法，对养殖户社会资本及各维度的指数进行测算，并阐述了各指标的特征。主要研究发现如下：

　　（1）从社会网络、社会信任、社会规范三个维度选取表征指标构建了较为科学合理社会资本指标体系。具体表征指标选取时，根据生猪养殖户与其他个人或组织的联系强度将社会网络分为强连接网络和弱连接网络两个维度。选择养殖户与亲戚、邻居、朋友之间的交往频率作为强连接网络的表征指标；选择养殖户与村干部、同村其他养殖户、养殖技术推广人员的交往频率作为弱连接网络的表征指标。根据信任对象的不同，将信任分为人际信任和制度信任两个维度，选择养殖户对亲戚、邻居和朋友、同村其他养殖户的信任程度作为人际信任的表征指标；选择养殖户对村委会、养殖技术推广部门、环保政策的信任程度作为制度信任的表征指标。根据规范的表现形式不同，将社会规范分为描述性规范和命令性规范两个维度，选择亲朋好友、村干部、同村其他养殖户是否采纳养殖废弃物资源化利用技术表征描述性规范；选择亲朋好友、村干部和同村其他养殖户是否认为养殖户应该采纳养殖废弃物资源化利用技术表征命令性规范。因子分析法的结果显示，本书设计的社会资本表征体系较为科学、系统，同时因子分析法也较为适合本书的样本数据分析。

　　（2）在对社会资本不同维度的特征进行分析发现，在社会网络各表征指标中，与生猪养殖户交往频率按均值从大到小排序依次是亲戚、邻居、朋友、同村其他养殖户、村干部、养殖技术推广人员。这说明养殖户与亲戚的交往互动最频繁，与养殖技术推广人员的交往最少。在社会信任各表征指标中，按养殖户信任程度的均值从大到小排序依次是亲戚、友邻、同村其他养殖户、村委会、养殖技术推广部门、环保政策。在社会规范各表征指标中，养殖户所感受到的社会压力按均值大小排序依次是村干部、亲友、同村其他养殖户。

　　（3）在对比分析已采纳养殖废弃物资源化利用技术的养殖户和未采纳该技术的养殖户的社会网络、社会信任、社会规范状况时发现，未采用该技术养殖户的社会网络、社会信任、社会规范各指标均值均低于技术采用养殖户。

第五章　社会资本对农户技术认知的影响

第四章对样本区域内养殖户社会资本进行了测度，并对其社会资本特征进行了分析与比较。在此基础上，从本章到第八章将分别考察社会资本及其各维度对养殖户废弃物资源化利用技术认知、技术采纳意愿、技术采纳行为、技术采纳绩效的影响。本章基于吉林省生猪养殖户实地调查数据，运用有序 Probit 模型探析社会资本及各维度对养殖户废弃物资源化利用技术认知的影响，为进一步提升养殖户对废弃物资源化利用技术认知提供理论和现实依据。

5.1　理论分析与研究假设

养殖废弃物的资源化利用对降低畜禽养殖污染、节省种植业化肥使用量、培肥地力、提高农作物产量和质量、降低农业生产成本以及实现农业绿色发展具有非常重要的作用。养殖户作为废弃物资源化利用技术采纳的决策主体和终端实施主体，其技术采纳行为是一个包含技术认知、技术采纳意愿、技术实际采纳及技术采纳效应评估的连续性决策过程。其中，技术认知作为影响养殖户技术采纳决策的首要环节，在诱发养殖户技术需求转变过程中产生直接影响。也就是说，养殖户对废弃物资源化利用技术的采纳意愿和行为是其对该技术认知权衡的结果。因此，提升养殖户的养殖废弃物资源化利用技术认知水平，对促成养殖户的技术采纳行为，推动养殖废弃物资源化利用技术扩散具有重要意义。

学者们对影响农户技术认知的因素进行了有益的探讨。部分学者证实了年龄、受教育程度、家庭生产经营规模、劳动力数量等自身和家庭特征会显著影响农户的技术认知。还有学者探讨了技术创新环境、技术培训、信息诉求动机及信息渠道、合作组织等因素对农户技术认知的影响。近年来，有少数学者将社会资本作为众多因素中的一种，探讨了社会资本对农户水土保持技术价值的认知。但是目前，关于社会资本对养殖户废弃物资源化利用技术认知的研究尚不多见。那么社会资本作为信息来源的重要载体是否会对养殖户废弃物资源化利用技术认知产生影响？影响的机制与路径又是什么？鉴于此，本章引入社会资本这一关键因子，运用有序 Probit 模型，考察社会资本对养殖户废弃物资源化利用技术认知的影响，为养殖废弃物资源化利用技术推广工作提供实证依据。

阿尔伯特·班杜拉的社会学习理论认为，社会环境在塑造个体认知、意愿和行为的过程中发挥了十分重要的作用。社会环境可以有效激活个体认知，进而在其价值观的作用下对决策行为产生影响。据此，社会资本作为社会环境中的一种特殊形式，也会对养殖户的技术认知起到关键影响。具体而言，社会网络作为养殖户间沟通与交流的媒介，可以增强养殖户与他人的互动频率，有助于养殖废弃物资源化利用技术信息的流动，提升养殖户技术认知水平。目前，政府的技术推广多存在推广速度慢、推广次数少、忽视养殖户需求等缺陷。同时，虽然手机、电视、网络等媒体在信息传播方面已较为普遍，但在养殖废弃物资源化利用技术传播方面的作用较弱，养殖户能从其中获得的有效信息非常有限。而社会网络的存在能够弥补养殖户信息获取渠道有限的不足，通过与亲朋好友、邻居、村干部等社会网络成员的交往互动，养殖户能够获得更多有效的技术信息，从而提高技术认知水平。

社会信任作为社会资本的核心内容，主要由个体间的相互理解、共同的价值观组成，是集体合作的润滑剂。一方面，养殖废弃物资源化利用技术的共享和交流往往基于养殖户与关系网络成员的良好人际信任关系。这种信任关系通常被称为"人际信任"，人际信任水平高的养殖户在与他人的交往中能产生更多的互惠合作行为，获得更多的废弃物资源化利用技术信息，从而有助于提高其对该技术的认知水平。另一方面，养殖户对政府技术推广部门、村干部等政府工作人员、相关政策的信任，被称为"制度信任"。制度信任水平高的养殖户与政府合作的可能性大，通过与政府合作能够获得更多的技术信息和优惠政策，也有助于养殖户对废弃物资源化利用技术认知水平的提高。

一项养殖技术在推广过程中其有用性和易用性等特点会在个体所处的组织社会环境中引发广泛的交流和讨论。他人对这一技术特征的积极或消极评价将会直接影响养殖户对该技术的认知。由于养殖户自身评估技术所依赖的知识并不完备，在知识有限的情形下，尤其是在受到局部环境文化、惯例、传统"塑造"的影响下，个体会表现出对群体中大多数人思想和行为的跟随，即"信息跟随"。这种"跟随"就是社会规范作用于个体认知和行为的一种表现。因此，社会规范会显著影响养殖户对养殖废弃物资源化利用技术的认知水平。

基于上述理论分析，提出以下假设：

假设 5-1 社会资本总量显著正向影响养殖户对废弃物资源化利用技术的认知。

假设 5-2 社会网络显著正向影响养殖户对废弃物资源化利用技术的认知。

假设 5-3 社会信任显著正向影响养殖户对废弃物资源化利用技术的认知。

假设 5-4 社会规范显著正向影响养殖户对废弃物资源化利用技术的认知。

基于以上假设，本章的理论框架图如下：

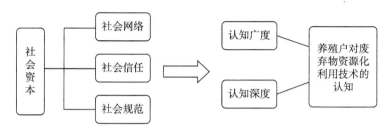

图 5-1 理论框架图

5.2 研究方法、数据来源与变量选择

5.2.1 研究方法

本章所指养殖户对废弃物资源化利用技术的认知是一个有层次的变量，认知的水平越高赋值越大。可见，本章所用因变量属于多元有序变量。分析离散选择问题比较适宜的估计方法为概率模型，因此，本章采用有序 Probit 模型进行回归。假设存在一个能代表被解释变量 Y，不可观测的潜变量 Y^*，Y 的取值为 1~5。有序 Probit 模型可表示为：

$$Y_i^* = X_i\beta + \mu*_i \qquad i = 1, 2, \cdots, N \qquad (5-1)$$

式（5-1）中，X_i 为解释变量集合，β 为 X_i 的系数，$\mu*_i$ 为随机变量，服从独立同分布。现假设 $c_1 < c_2 < c_3 < c_4$ 为未知割点，则 Y_i 可由 Y_i^* 表示如下：若 $Y_i^* \leqslant c_1$ 则 $Y_i = 1$；若 $c_1 < Y_i^* \leqslant c_2$ 则 $Y_i = 2$；若 $c_2 < Y_i^* \leqslant c_3$ 则 $Y_i = 3$；若 $c_3 < Y_i^* \leqslant c_4$ 则 $Y_i = 4$；若 $c_4 < Y_i^*$ 则 $Y_i = 5$。

当 $\mu*_i$ 服从标准正态分布时，用 Φ （ • ） 表示标准正态分布的分布函数，那么 Y 的条件概率可分别表示为：

$$\Pr(Y = 1 \mid X) = \Pr(Y^* \leqslant c_1) = \varphi_1$$

$$\Pr(Y = 2 \mid X) = \Pr(c_1 < Y^* \leqslant c_2) = \varphi_2$$

$$\cdots\cdots$$

$$\Pr(Y = 3 \mid X) = \Pr(Y^* c_4) = \varphi_4 \tag{5-2}$$

5.2.2 数据来源

本章所用微观数据主要通过问卷调查方式获得，调查时间为 2017 年 9 月至 11 月，调研地点为梨树县、农安县、德惠市、榆树市、公主岭市、九台市。本次共发放问卷 633 份，剔除前后矛盾、有明显瑕疵的问卷后，获得有效问卷 615 份，有效率为 97.16%。具体描述性统计见本书第三章。

5.2.3 变量选择

5.2.3.1 因变量

本书以养殖户对废弃物资源化利用技术的认知为因变量。养殖户对该技术的认知不仅体现在认知的数量方面，还体现在认知的质量方面。数量方面的认知主要指养殖户对废弃物资源化利用技术种类的了解，称为认知的广度；质量方面的认知主要指养殖户对废弃物资源化利用技术价值的了解程度，称为认知的深度。在认知数量方面，根据本书第二章对养殖废弃物资源化利用技术分类可知，目前该类技术主要包括肥料化、能源化、饲料化、基质化四大类技术，而每一大类技术中又包含 1~3 个子技术，共计 8 个子技术。因此，通过询问养殖户听说过几种养殖废弃物资源化利用子技术来考察养殖户对该类技术的认知广度。养殖户可以从问卷中列出的养殖废弃物资源化利用子技术中进行多项选择。根据养殖户对养殖废弃物资源化利用技术数量的认知情况进行赋值，其中将养殖户知道 0~1 种养殖废弃物资源化利用技术赋值为 1；知道 2~3 种养殖废弃物资源化利用技术赋值为 2；知道 4~5 种养殖废弃物资源化利用技术赋值为 3；知道 6~7 种养殖废弃物资源化利用技术赋值为 4；知道 8 种养殖废弃物资源化利用技术赋值为 5。养殖户对养殖废弃物资源化利用技术的认知深度主要通过其对三个问题的认同度进行考察，这三个问题分别是："养殖废弃物资源化利用技术有益于邻里关系和谐发展""养殖废弃物资源化利用技术有益于农村环境保护""养殖废弃物资源化利用技术有益于节省农业生产成本或增加农民收入"。采用 Likert 五级量表对其进行赋值，"完全不认同"赋值为1；"不太认同"赋值为2；"一般"赋值为3；"比较认同"赋值为4；"完全认同"赋值为5。然后，将每个养殖户对上述三个问题的得分之和取平均值并进行四舍五入取整数作为该养殖户对养殖废弃物资源化利用技术价值感知的得分，1~5分别代表养殖户对养殖废弃物资源化利用技术认知深度为"非常低"—"非常高"。

5.2.3.2　自变量

本章核心自变量为第四章养殖户社会资本及各维度的因子分析计算结果，此处不再赘述。同时，为了避免其他可能影响养殖户对废弃物资源化利用技术认知的因素对模型结果造成的干扰，根据前文的理论分析，借鉴相关研究成果，在模型中加入个人及生产特征、政府技术推广服务、心理特征（见表5-1）。

个人及生产特征包括受教育年限、养殖年限、猪场规模、参加技术培训频率四个。一般而言，养殖户对技术的认知会受到自身及生产特征的约束。养殖户的受教育年限越高，其学习吸收养殖废弃物资源化利用技术的相对能力越强，有助于提升养殖户对养殖废弃物资源化利用技术的认知水平。与养殖年限短的养殖户相比，养殖年限长的养殖户拥有更多的养殖经验，在多年的养殖过程中对养殖废弃物资源化利用技术会有更高的认知水平。猪场的规模越大，越能形成规模效应，对新技术的需求也越强烈，从而促使其提升对养殖废弃物资源化利用技术的认知，同时与小规模猪场相比，大规模猪场能够享受更多的国家优惠政策，也有更多的机会接触到先进的资源化利用技术。养殖户参加的技术培训次数越多，越可能接触到更多的养殖废弃物资源化利用技术及相关信息，因而认知水平越高。

政府技术推广服务包括推广强度、推广质量和推广水平三个变量。政府技术推广服务是激活养殖户技术认知的外界环境，其服务水平高低直接关系养殖户技术认知程度。政府技术推广强度越强、推广质量越高、推广水平越高，越能使养殖户在节约信息搜寻成本的同时，有更多机会获取真实可靠的技术信息，他们对养殖废弃物资源化利用技术的了解就越全面，认知水平就越高。

心理特征包括环境态度和环境评价两个变量。环境态度是指养殖户对环境的关注程度。环境评价是指养殖户对当前农村环境状况的主观感受。

当养殖户意识到随意丢弃养殖废弃物会破坏农村生态环境，而且当前农村的生态环境已经遭到破坏了，这会激发养殖户对废弃物资源化利用技术的需求，从而有助于养殖户的技术认知水平的提升。

表 5-1　变量定义及描述性统计

变量		变量定义	均值	标准差
因变量				
技术认知广度	数量	对养殖废弃物资源化利用技术数量的认知：0~1种=1，2~3种=2，4~5种=3，6~7种=4，8种=5	3.42	1.21
技术认知深度	质量	非常低=1，比较低=2，一般=3，比较高=4，非常高=5	3.01	1.05
控制变量				
个人及家庭特征	受教育年限	受访养殖户实际受教育年限	8.82	1.07
	养殖年限	受访养殖户实际养殖年限	12.23	1.43
	参加培训的频率	参加养殖废弃物资源化利用技术培训频率：从未参加=1，较少参加=2，一般=3，较多参加=4，经常参加=5	2.05	0.63
	猪场规模（年出栏）	99头及以下=1，100~499头=2，500~999头=3，1000头及以上=4	2.68	1.12
政府技术推广服务	推广强度	政府技术推广部门提供的推广服务多少：很少=1，较少=2，一般=3，较多=4，很多=5	2.36	0.64
	推广质量	政府技术推广部门提供的推广内容作用大小：很小=1，较小=2，一般=3，较大=4，很大=5	3.72	0.71
	推广水平	政府技术推广人员指导的技术水平：很低=1，较低=2，一般=3，较高=4，很高=5	3.58	0.83
心理特征	环境态度	对环境污染的关注程度：不太关注=1，一般=2，比较关注=3	2.54	1.06
	环境评价	对当前农村环境状况的评价：较差=1，一般=2，较好=3	2.05	0.94

资料来源：调研数据整理。

5.3　社会资本对农户技术认知影响的实证分析

5.3.1　多重共线性检验

为了保证回归结果的有效性，在模型回归之前，对模型的自变量进行多重共线性检验。多重共线性指两个或多个自变量之间出现近似共线性，这种共线性会使参数估计值的方差变大，导致参数估计量的含义不合理，最终使模型的预测功能失效。本章选取的自变量较多，自变量之间可能存在多重共线性，为减少其对模型估计的不利影响，有必要进行多重共线性检验。利用 SPSS23.0 软件，选取方差膨胀因子（VIF）来检验变量间的共线性。通常，当 VIF>3 时，可认为解释变量之间存在一定程度的共线性；当 VIF>10 时，可认为解释变量之间存在高度共线性（何可，2015）。由表 5-2 可知，方差膨胀因子（VIF）均小于 3，说明自变量之间不存在共线性问题。

表 5-2　多重共线性检验

自变量	方差膨胀因子（VIF）	容差
社会网络	1.38	0.72
社会信任	1.47	0.68
社会规范	1.69	0.59
受教育年限	2.04	0.49
养殖年限	1.23	0.81
参加培训的频率	1.51	0.66
猪场规模	2.06	0.49
推广强度	1.79	0.56
推广质量	1.83	0.55
推广水平	2.14	0.47
环境态度	1.45	0.69
环境评价	1.87	0.53

资料来源：SPSS 软件分析结果整理。

5.3.2　模型回归结果分析

运用 Stata12.0 软件进行多元有序 Probit 模型估计，重点考察社会资本及细分维度对养殖户废弃物资源化利用技术认知的影响。根据前文的分析，养殖户对废弃物资源化利用技术的认知包括认知广度和认知深度两个方面。据此，本章设置了 4 个多元有序 Probit 模型。模型Ⅰ和模型Ⅱ为社会资本及细分维度对养殖户废弃物资源化利用技术认知广度影响模型，模型Ⅲ和模型Ⅳ为社会资本及细分维度对养殖户废弃物资源化利用技术认知深度影响模型。回归结果如表 5-3 和表 5-4 所示。由模型回归结果中的对数似然值及卡方检验值可知，模型整体拟合效果较好，说明自变量对因变量的变化具有一定的解释能力。

表 5-3　社会资本对养殖户废弃物资源化利用技术认知广度的影响

变量		模型Ⅰ		模型Ⅱ	
核心变量		系数	标准误	系数	标准误
社会资本	社会资本总量	0.357***	0.091	—	—
	社会网络	—	—	0.201***	0.102
	社会信任	—	—	0.095***	0.069
	社会规范	—	—	0.106	0.084
控制变量					
个人及生产特征	受教育年限	0.163	0.132	0.165	0.129
	养殖年限	0.102	0.071	0.102	0.071
	参加培训的频率	0.327**	0.150	0.319**	0.183
	猪场规模	0.451	0.165	0.448	0.169
政府技术推广服务	推广强度	0.114***	0.079	0.116***	0.072
	推广质量	0.088**	0.094	0.088**	0.094
	推广水平	0.067	0.072	0.065	0.073
心理特征	环境态度	0.213	0.054	0.211	0.057
	环境评价	−0.088*	0.049	−0.085*	0.056
Pseudo R2		0.025		0.024	
LR chi2		33.10		32.97	
Prob>chi2		0.003		0.000	
Log likelihood		−702.522		−710.343	

注：***、** 和 * 分别表示在 1%、5% 和 10% 的水平上显著。

表 5-4　社会资本对养殖户废弃物资源化利用技术认知深度的影响

变量		模型Ⅲ		模型Ⅳ	
核心变量		系数	标准误	系数	标准误
社会资本	社会资本总量	0.453***	0.116	—	—
	社会网络	—	—	0.137***	0.149
	社会信任	—	—	0.279***	0.043
	社会规范	—	—	0.072***	0.067
控制变量					
个人及生产特征	受教育年限	0.019	0.041	0.018	0.039
	养殖年限	0.241***	0.065	0.241***	0.065
	参加培训的频率	0.352***	0.124	0.326***	0.109
	猪场规模	0.104***	0.067	0.106***	0.070
政府技术推广服务	推广强度	0.031**	0.063	0.031**	0.063
	推广质量	0.132***	0.068	0.129***	0.057
	推广水平	0.054	0.041	0.055	0.045
心理特征	环境态度	0.163*	0.042	0.163*	0.042
	环境评价	−0.023**	0.051	−0.025**	0.049
Pseudo R2		0.079		0.078	
LR chi2		109.07		107.34	
Prob>chi2		0.002		0.000	
Log likehood		−678.211		−682.347	

注：***、**和*分别表示在1%、5%和10%的水平上显著。

由表 5-3 和表 5-4 的回归结果不难发现，尽管影响养殖户对废弃物资源化利用技术认知广度和认知深度的显著因素略有差别，但总体而言，社会资本及细分维度、养殖年限、参加培训的频率、猪场规模、推广强度、推广质量、环境态度、环境评价，这些因素显著影响了养殖户的养殖废弃物资源化利用技术认知。

（1）社会资本及细分维度对养殖户废弃物资源化利用技术认知的影响。社会资本总量在模型Ⅰ和模型Ⅲ中的偏回归系数分别为 0.357、0.453，且均通过 1% 的显著性水平检验。这表明，在其他条件一定的情况下，社会资本总量水平越高的养殖户，对养殖废弃物资源化利用技术的认知水平越高。将社会资本细分为社会网络、社会信任、社会规范三个维度，进一步探究不同社会资本维度对养殖户废弃物资源化利用技术认知的影响，结果如表 5-3 和表 5-4 中模型 Ⅱ 和模型 Ⅳ 所示。社会网络在模型 Ⅱ 和模型 Ⅳ 中的偏回归系数分别为 0.201、0.137，且均通过 1% 的显著性水平检验。这表明，在其他条件一定的情况下，社会网络水平越高的养殖户，对养殖废弃物资源化利用技术的认知水平越高。其原因主要是，社会网络水平越高，养殖户拥有的社会资源就越丰富和稳定，这种丰富、稳定的社会资源作为信息传递的载体有助于养殖废弃物资源化利用技术重要性信息溢出和相关知识传播，进而有助于养殖户对废弃物资源化利用技术认知广度和认知深度水平的提高。社会信任在模型 Ⅱ 和模型 Ⅳ 中的偏回归系数分别为 0.095、0.279，且均通过 1% 的显著性水平检验。这表明，在其他条件一定的情况下，社会信任水平越高的养殖户，对养殖废弃物资源化利用技术的认知水平越高。其原因主要是，社会信任水平高的生猪养殖户，与他人的沟通更顺畅，信息的搜寻成本更低，也更容易接受他人的观点改变或加强自身对养殖废弃物资源化利用技术的认知。社会规范在模型 Ⅱ 中的偏回归系数为 0.106，但没有通过显著性检验；在模型 Ⅳ 中的偏回归系数为 0.072，通过了 1% 的显著性水平检验。这表明，在其他条件一定的情况下，社会规范对养殖户废弃物资源化利用技术的认知深度具有正向影响，但对认知广度的影响不显著。其原因主要是，对社会规范感知水平高的养殖户，会更在意他人对自己的期望和看法，为获得群体的非正式奖励或避免惩罚会表现出与大多数人思想的一致性，在这一过程中提高了对养殖废弃物资源化利用技术价值的认知。但是，这个过程并不能提高养殖户对养殖废弃物资源化利用技术数量的认知。

（2）个人及生产特征对养殖户废弃物资源化利用技术认知的影响。由于表 5-3 中模型 Ⅰ 和模型 Ⅱ 的估计结果差异不大，表 5-4 中模型 Ⅲ 和模型 Ⅳ 的估计结果差异不大，对个人及生产特征与养殖户废弃物资源化利用技术认知关系的分析主要基于模型 Ⅱ 和模型 Ⅳ。养殖年限在模型 Ⅳ 中的偏回归系数为 0.241，且均通过 1% 的显著性水平检验，在模型 Ⅱ 中没有通过显著性检验。这表明，在其他条件一定的情况下，养殖年限越长的养殖户，对养殖废弃物资源化利用技术的认知深度水平越高。但养殖年限的长短对养殖废弃物资源化利用技术的认知广度却没有显著影响。其原因主要是，养殖年限越长，对生猪养殖给环境带来破坏、给农村社会和谐发展带来阻碍的感知越强烈，从而对养殖废弃物资源化利用技术的生态价值、社会价值等综合价值的认知水平越高。但是由于信息渠道来源的有限，养殖年限长的养殖户知道的养殖废弃物资源化利用技术数量不一定多。参加培训的频率在模型Ⅱ和模型Ⅳ中的偏回归系数分别为 0.319、0.326，且分别通过 5% 和 1% 的显著性水平检验。这表明，在其他条件一定的情况下，参加培训的次数越多，养殖户对养殖废弃物资源化利用技术种类了解得越广泛，对其价值的感知程度也越高。实际调研数据也显示，每年能接受 3 次以上技术培训的养殖户对养殖废弃物资源化利用技术价值"比较认同"和"完全认同"的比例达到 45.31%，而在每年仅能接受 1 次技术培训的养殖户中该比例为 18.25%，两者有较大差距。猪场规模在模型Ⅱ中没有通过显著性水平检验；在模型Ⅳ中偏回归系数为 0.106，通过 1% 的显著性水平检验。这表明，在其他条件一定的情况下，猪场规模越大，养殖户对养殖废弃物资源化利用技术价值的感知程度越高。可能的原因是，养殖规模越大，越能形成规模效应，同时社会影响也越大，受到政府和周围村民的关注就越多，从而对采纳养殖废弃物资源化利用技术带来的价值感知水平就越高。

（3）政府技术推广服务对养殖户废弃物资源化利用技术认知的影响。由于表 5-3 中模型Ⅰ和模型Ⅱ的估计结果差异不大，表 5-4 中模型Ⅲ和模型Ⅳ的估计结果差异不大，对政府技术推广服务与养殖户废弃物资源化利用技术认知关系的分析主要基于模型Ⅱ和模型Ⅳ。推广强度在模型Ⅱ和模型Ⅳ中的偏回归系数分别为 0.116 和 0.031，且分别通过 1% 和 5% 的显著性水平检验。这表明，在其他条件一定的情况下，政府提供的养殖废弃物资源化利用技术服务越多，养殖户对该技术种类和价值的认知水平越高。可能的解释是，政府技术推广部门是养殖户获取技术信息的重要来源渠道，政府的技术推广服务数量越多，养殖户获得的养殖废弃物资源化利用技术信息越多，对其技术广度和深度的认知水平越高。推广质量在模型Ⅱ和模型Ⅳ中的偏回归系数分别为 0.088 和 0.129，且分别通过 5% 和 1% 的显著性水平检验。这表明，在其他条件一定的情况下，政府技术推广质量越高，养殖户对废弃物资源化利用技术广度和深度的认知水平越高。可能的原因是，养殖户对政府技术推广内容有用性的评价直接决定着其对养殖废弃物资源化利用技术的评价，从而影响着养殖户对废弃物资源化利用技术广度和深度的认知水平。实地调研结果也证实了这一点，认为政府技术推广内容作用"较大""很大"的养殖户中对废弃物资源化利用技术生态价值、社会价值、经济价值"比较认同"和"完全认同"的比例分别是36.23%、30.41%、32.72%；而这一比例在认为政府技术推广内容作用"很小"和"较小"的养殖户中分别是13.24%、10.43%、12.51%。

（4）心理特征对养殖户废弃物资源化利用技术认知的影响。由于表5-3中模型Ⅰ和模型Ⅱ的估计结果差异不大，表5-4中模型Ⅲ和模型Ⅳ的估计结果差异不大，对心理特征与养殖户废弃物资源化利用技术认知关系的分析主要基于模型Ⅱ和模型Ⅳ。环境态度在模型Ⅳ中的偏回归系数为0.163，且通过了10%的显著性水平检验。这表明，在其他条件一定的情况下，养殖户对环境状况越关注，其对养殖废弃物资源化利用技术价值的认知水平越高。实际调研结果也证实了这一点，在对环境"比较关注"的养殖户中对养殖废弃物资源化利用技术的价值感知"比较高"和"非常高"的比例是37.23%；而这一比例在对环境"不太关心"的养殖户中是9.71%，两者差距较大。环境评价在模型Ⅱ和模型Ⅳ中的偏回归系数分别为-0.085和-0.025，且分别通过10%和5%的显著性水平检验。这表明，在其他条件一定的情况下，养殖户对环境状况评价越低，其对养殖废弃物资源化利用技术的认知广度和深度水平越高。可能的原因是，养殖户对当前环境状况越不满意，采纳环保技术的动力越足，越能够促使其了解养殖废弃物资源化利用技术种类和价值。

5.4 稳健性检验

为检验前文模型估计结果的稳健性，借鉴多数学者的研究方法，本章采用替代变量重新测度社会网络、社会信任和社会规范，并进一步估计社会资本三个维度对养殖户废弃物资源化利用技术认知的影响。其中，对社会网络采用"养殖户家庭拥有的亲友人数"来表征；对社会信任采用"一般来说，您觉得大多数人可信吗"来表征，"非常不可信"——"非常可信"依次赋值1~5；对社会规范采用"不参加集体活动会受到村民的排挤"来表征，"完全不同意"——"完全同意"依次赋值1~5。结果如表5-5所示。可见，表5-5的回归结果与表5-3和表5-4的回归结果基本一致，由此表明社会资本对养殖户废弃物资源化利用技术的认知具有显著影响，且模型估计结果较为稳健。

表 5-5 模型稳健性检验

变量		认知广度		认知深度	
核心变量		系数	标准误	系数	标准误
社会资本	社会网络	0.165***	0.110	0.104***	0.126
	社会信任	0.076***	0.055	0.243***	0.038
	社会规范	0.008	0.073	0.102***	0.079
控制变量					
个人及生产特征	受教育年限	0.121	0.125	0.103	0.041
	养殖年限	0.132	0.069	0.197***	0.078
	参加培训的频率	0.253**	0.180	0.243***	0.124
	猪场规模	0.292	0.206	0.087***	0.065
政府技术推广服务	推广强度	0.145***	0.074	0.051**	0.074
	推广质量	0.081**	0.090	0.148***	0.068
	推广水平	0.264	0.089	0.082	0.057
心理特征	环境态度	0.108	0.061	0.201*	0.039
	环境评价	-0.121*	0.072	-0.056**	0.032
Pseudo R2		0.031		0.081	
LR chi2		30.55		109.62	
Prob>chi2		0.001		0.000	
Log likehood		-695.22		-668.37	

注：***、**和*分别表示在1%、5%和10%的水平上显著。

5.5 本章小结

本章在微观数据基础上，运用有序 Probit 模型，从广度和深度两方面估计了社会资本及细分维度对养殖户废弃物资源化利用技术认知的影响，得到的主要结论如下：

（1）社会资本对养殖户废弃物资源化利用技术认知的提升具有显著促进作用，但社会资本不同维度对技术认知的深度和广度的影响具有一定差异。具体而言，社会网络和社会信任对养殖户废弃物资源化利用技术认知广度和深度的提升均具有促进作用；社会规范对养殖户废弃物资源化利用技术认知深度的提升具有促进作用，但对技术认知广度的提升没有显著促进作用。

（2）控制变量对养殖户废弃物资源化利用技术认知广度和深度的影响具有差异。在个人及生产特征中，养殖年限仅对养殖户废弃物资源化利用技术认知深度具有显著正向影响。参加培训的频率对养殖户废弃物资源化利用技术认知广度和深度均具有显著正向影响。养殖规模仅对养殖户废弃物资源化利用技术认知深度具有显著正向影响。在政府技术推广服务中，推广强度对养殖户废弃物资源化利用技术认知广度和深度均具有显著正向影响；推广质量对养殖户废弃物资源化利用技术认知广度和深度均具有显著正向影响。在心理特征中，环境态度仅对养殖户废弃物资源化利用技术认知深度具有显著正向影响。环境评价对养殖户废弃物资源化利用技术认知广度和深度均具有显著负向影响。

第六章 社会资本对农户技术采纳意愿的影响

第五章基于吉林省生猪养殖户实地调查数据，运用有序 Probit 模型探析了社会资本及各维度对生猪养殖户废弃物资源化利用技术认知的影响。养殖户对废弃物资源化利用技术产生认知后，会在主观上产生是否采纳这一技术的意愿，从而进入技术采纳意愿形成阶段。因此，本章将考察社会资本对养殖户废弃物资源化利用技术采纳意愿的影响。首先，基于吉林省生猪养殖户实地调查数据，以嵌入性社会结构理论为依据，运用结构方程模型探析社会资本各维度对养殖户资源化利用技术采纳意愿的影响路径，并揭示社会资本在促进养殖户技术采用意愿中的直接作用和间接作用。其次，选取养殖规模、养殖户受教育水平为调节变量进行多群组分析，以考察社会资本不同群体样本中的影响差异，为进一步提升养殖户废弃物资源化利用技术采纳意愿提供理论和现实依据。

6.1 理论分析与研究假设

农户的技术采纳意愿是指农户在获取相关技术信息并对技术产生一定认知后，主观上对这种技术的采用或不采用的意向。意愿是行为的基础，若农户对某项技术产生采纳的意愿，在条件允许的情况下就有可能表现出采纳的行为。因此，农户技术采纳意愿的影响因素引起了学者们的广泛研究。学者们普遍认为，成本收益是影响农户技术采纳意愿的重要因素。因此，物质资本被视为影响农户农业技术采纳意愿的关键。这些物质资本主要包括经营规模、家庭劳动力数量、非农收入比例、政府补贴等。同样，人力资本也被认为是影响农户技术采纳意愿的关键因素。这些因素主要集中在户主的性别、年龄、受教育程度、参加技术培训的频率等。

但是，嵌入性社会结构理论认为，个体的经济活动是基于社会结构的人际关系网络而进行的。换言之，个体行为始终是嵌入在社会结构当中，并不是完全原子化和孤立的，而会受到其所处社会结构的制约。任何理性的经济行为必然受到周围社会关系的影响，而无法绝对隔绝社会关系。根据该理论，养殖户对养殖废弃物资源化利用技术的采纳意愿是在一定的村庄环境中产生，其必然会嵌入养殖户的社会网络中，它既具有经济性，也具有社会性。由此，养殖户的技术采纳意愿不仅会受到经济学零嵌入立场的"自主因素"的影响，还会受到社会学强嵌入立场的"嵌入因素"的约束。其中，自主因素主要指养殖户自身资源禀赋及对技术掌控能力的感知。这些因素是养殖户技术采纳意愿产生的前提条件，它们可以在某种程度上影响养殖户技术采纳意愿的方向，但也对养殖户的技术采纳意愿形成了制约。嵌入因素通过养殖户所处的社会环境、网络关系、文化规范等社会资本因素对养殖户技术采纳意愿形成促进或制约，并能在一定条件下影响自主因素对养殖户技术采纳决策形成的预期，对养殖户的技术采纳意愿具有重要影响。因此，本章基于嵌入性社会结构理论，以社会资本为嵌入因素、技术感知为自主因素，运用结构方程考察它们对养殖户废弃物资源化利用技术采纳意愿的影响程度和作用路径，并揭示社会资本在促进养殖户技术采用意愿中的直接作用和间接作用，同时进行多群组分析，考察社会资本在不同群体样本中的影响差异。

6.1.1　社会资本对养殖户资源化利用技术采纳意愿的影响

社会资本是嵌入在农村社会关系中的，预期能够给农户带来好处的资源。社会资本的生产性，使得那些社会资本丰富的个体可以在某种程度上实现既定目标。社会资本会通过养殖户彼此间长期互动交往中形成的网络连接、信任关系、社会规范三类因素对养殖户资源化利用技术采纳决策产生影响。

社会网络是社会成员通过长期的互动交往形成的社会关系和纽带，它在技术信息和经验的传递、技术资金支持方面发挥着重要作用。农业新技术的采纳效果具有一定的"不确定性"，为了减少这种不确定性带来的风险，农户往往倾向于向周围人打听或是观察他们采纳这一技术的效果。因此，内含信息和情感资源的社会网络以其高密集度和较短传播路径的特征，可以将新技术的信息和经验有效地传播给农户，打破技术传播壁垒，降低技术采用的风险，提高农户技术获取效率。另外，新技术采纳往往需要农户投入一定的资金用于材料的购买、设施的构建、机器设备的运转和维护等方面的支出。而养殖业本身就是一个利润率较低的行业，养殖户自有资金有限，经常出现资金周转不灵的情况。而正规金融对农户的借贷又存在"溢出效应""门槛效应""缺口效应",使得养殖户的借贷渠道受阻。社会网络的存在使农户之间在经济状况和个人信誉方面有更多的了解,避免了信息不对称带来的借贷风险;还能通过网络成员间的舆论形成较强的监督机制,提高违约者的违约成本,从而为养殖户获取技术采纳资金提供了保障。因此,丰富的社会网络可以提高养殖户废弃物资源化利用技术采纳意愿。

社会信任作为社会网络的基础,也是社会资本的关键要素。社会信任是养殖户对于网络成员按照一定规则采取特定行动的信心,它可以促进互惠合作行动。社会信任关系一旦被确立,就意味着,养殖户愿意付出信用或依靠别人的建议而采取行动。养殖户会表现出较强的信息共享意愿,也更愿意依据周围人的建议来调整自我行为决策的偏差。养殖户在技术采纳方面通常表现出强烈的从众心理,这既出于规避技术采纳风险的考虑,也体现了乡邻之间的信任。此外,养殖户制度信任的建立既有利于政府政策的顺利实施,又能促进养殖户与政府部门的合作。因此,较高的社会信任可以提高养殖户废弃物资源化利用技术采纳意愿。

社会规范是以非正式制裁(奖励)为保证的群体成员共同遵循的行为标准,它包含着社会群体对个人行为的期望。舆论压力或者互惠观念通常是社会规范约束并调整个体行为决策的有力工具。在村庄社区中,养殖户为避免受到群体的惩罚(如声誉受损、被孤立等)或获得群体奖励(如被赞扬、声望提高等)会不断地修正自我行为决策,使行为结果与群体其他成员保持一致。当养殖户看到群体中大多数人都采纳了养殖废弃物资源化利用技术,或者感受到周围人对自己采纳资源化利用技术的压力或期望时,为获得群体的认可和支持,会表现出对养殖废弃物资源化利用技术的采纳意愿。

基于上述分析,提出以下假设:

假设6-1a:社会网络对养殖户资源化利用技术采纳意愿具有显著正向影响。

假设6-1b:社会信任对养殖户资源化利用技术采纳意愿具有显著正向影响。

假设6-1c:社会规范对养殖户资源化利用技术采纳意愿具有显著正向影响。

6.1.2　技术感知对养殖户资源化利用技术采纳意愿的影响

技术感知是农户对某项技术优缺点的主观认识，能很好地概括潜在使用者对农业技术的主观评价。借鉴技术接受模型（TAM）的部分理论，本书将养殖户技术感知分为技术有用性感知和技术易用性感知。其中，技术有用性感知是指个体对使用某一特定技术能改善其绩效的认可程度。在我国，随着畜牧业绿色发展理念的宣传与引导，养殖户在追求经济利益最大化的同时也开始兼顾环境效益和社会效益。因此，在本书中，技术有用性感知主要指养殖户对采纳养殖废弃物资源化利用技术所产生的经济效益、生态效益和社会效益的改善的认可程度。技术易用性感知是指个体对掌握与实施某技术难易程度的感知。Davis 等（1989）认为，不管新技术的操作是简单易学的还是过程烦琐的，潜在的技术采纳者都会付出大量的时间和精力来理解这一技术，并且从需求判断、个人观感、价值观方面来评价新技术的易用程度。在本书中，技术易用性感知主要指养殖户对掌握养殖废弃物资源化利用技术原理、操作流程等方面所感知到的难易程度。

农户对技术本身性质的感知对其技术采用意愿具有非常重要的影响。已有学者们研究表明，技术有用性感知和技术易用性感知对农户循环农业技术、测土配方技术、畜禽废弃物利用技术的采纳意愿具有显著正向影响。就本书主题而言，如果养殖户认为采纳养殖废弃物资源化利用技术与之前相比能获得更大的效益，而这种效益不仅包括经济效益还包括环境效益和社会效益，则养殖户采纳该技术的意愿越强烈。如果养殖户认为废弃物资源化利用技术掌握起来较容易，就可降低养殖户采纳该技术的焦虑感，从而提高其技术采纳意愿。基于以上分析，提出以下假设：

假设 6-2a：有用性感知对养殖户资源化利用技术采纳意愿具有显著正向影响。

假设 6-2b：易用性感知对养殖户资源化利用技术采纳意愿具有显著正向影响。

6.1.3　技术感知的中间变量作用

Davis & Venkatesh（1996）指出，个体的技术有用性感知和技术易用性感知会受到社会环境的影响。社会资本作为社会环境中一种特殊的形式，必然对养殖户的技术有用性感知和技术易用性感知产生影响。具体而言，养殖户通过社会网络交流技术相关信息，可以提高技术知识储备，尤其社会网络规模较大的养殖户能够从别人的经验中获得更多的技术信息，对技术的有用性和易用性感知程度也高。社会信任可以降低养殖户对技术信息的收集成本，促进合作。社会信任水平高的养殖户会更容易相信他人提供的信息，也更容易相信在技术采纳过程中有人愿意帮助自己，从而对技术有用性和易用性的感知程度越强。社会规范作为养殖户的一种社会化认知，对养殖户的技术采纳行为会产生重要影响。个体对社会规范的遵从是补充非理性决策的重要方面，养殖户通过了解社会群体对养殖废弃物资源化利用技术的采用意愿和行动，以群体的意愿和行动为依据，做出"从众"的行为决策。当群体对养殖废弃物资源化利用技术越支持，养殖户感知到自己掌握的资源和机会就越多，预期的阻碍就越少，对技术有用性和易用性的感知水平就越高。而技术感知有用性和易用性水平的提高，会促使养殖户对养殖废弃物资源化利用技术采纳意愿的提高。

基于上述分析，提出以下假设：

假设 6-3a：技术有用性感知在社会网络对养殖户资源化利用技术采纳意愿的影响中起到中间变量作用。

假设 6-3b：技术易用性感知在社会网络对养殖户资源化利用技术采纳意愿的影响中起到中间变量作用。

假设 6-3c：技术有用性感知在社会信任对养殖户资源化利用技术采纳意愿的影响中起到中间变量作用。

假设 6-3d：技术易用性感知在社会信任对养殖户资源化利用技术采纳意愿的影响中起到中间变量作用。

假设 6-3e：技术有用性感知在社会规范对养殖户资源化利用技术采纳意愿的影响中起到中间变量作用。

假设 6-3f：技术易用性感知在社会规范对养殖户资源化利用技术采纳意愿的影响中起到中间变量作用。

根据以上假设和相关理论，本章提出如图 6-1 理论分析框架。

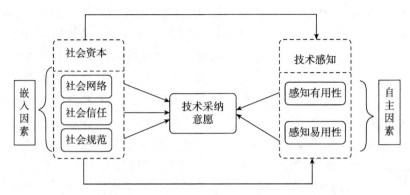

图6-1　养殖户废弃物资源化利用技术采纳意愿的理论模型

6.2　研究方法、数据来源与量表设计

6.2.1　研究方法

结构方程的出现使多变量或潜变量之间的多重联系分析变得容易，解决了多原因、多结果和不可直接观测变量之间关系分析的难题。也正是因为这一点，结构方程在社会科学和行为科学上得到了广泛的应用。具体而言，结构方程与其他计量方法相比具有以下优势：①结构方程能够同时处理多个因变量，避免只能考察单一变量带来的结果偏差。②结构方程能够计算出模型整体拟合度，通过不同路径下模型整体拟合度的对比，可以选出更贴合实际数据的模型。③结构方程能够同时估计潜变量之间的路径系数、可观测变量与潜变量之间的因子载荷，明确显示潜变量之间、潜变量和显变量之间的关系。④结构方程容许自变量和因变量含有测量误差。⑤结构方程能够处理变量间关系更复杂的模型。

结构方程模型包括潜变量（不可直接观测变量）和显变量（可观测变量）。结构方程通常分为两部分，结构模型和测量模型。其中，测量模型反映潜变量与观测变量之间的关系，如式（6-1）、式（6-2）；结构模型反映各潜变量之间的结构关系，如式（6-3）。

$$X = \Lambda_x \xi + \delta \tag{6-1}$$

$$Y = \Lambda_y \eta + \varepsilon \tag{6-2}$$

$$\eta = B\eta + \Gamma\xi + \zeta \tag{6-3}$$

式中，X 为外生观测变量向量；Y 为内生观测变量向量；Λ_x、Λ_y 分别表示外生潜变量和内生潜变量各自与其观测变量的关联系数矩阵；ξ 为外生潜变量；η 为内生潜变量；ε 和 δ 分别表示测量误差向量；B 表示内生潜变量之间的关系矩阵；Γ 表示外生潜变量对内生潜变量的影响；ζ 表示结构方程的残差向量。

鉴于技术感知和养殖户废弃物资源化利用技术采纳意愿具有难以直接测量和难以避免主观测量误差的基本特征，同时，考虑到社会资本对养殖户技术采纳意愿存在直接影响效应，也可能通过技术感知因素间接影响技术采用意愿，其影响路径还有待进一步检验。因此，结合实际数据情况，为验证上述研究假设，本章构建结构方程模型进行分析。

6.2.2 数据来源

本章所用微观数据主要通过问卷调查方式获得，调查时间为 2017 年 9 月至 11 月，调研地点为梨树县、农安县、德惠市、榆树市、公主岭市、九台市。本次共发放问卷 633 份，剔除前后矛盾、有明显瑕疵的问卷后，获得有效问卷 615 份，有效率为 97.16%。

6.2.3 量表设计

本章将养殖户的社会网络、社会信任、社会规范、技术有用性感知、技术易用性感知、技术采纳意愿划分为 6 个潜变量。基于上文的理论分析和相关文献，本章关注的所有潜变量采用李克特五级量表进行测度。其中，社会网络、社会信任、社会规范的量表设计见第四章，此处不再赘述。养殖户技术有用性感知、技术易用性感知、技术采纳意愿 3 个潜变量的指标设置主要参考李后建（2012）、李子琳（2019）、宾幕容（2017）等学者的研究，1~5 级分别表示"完全不同意""不太同意""一般""比较同意""完全同意"五个程度。具体指标见表 6-1。

表 6-1 指标说明及描述性统计

潜变量	观测变量	均值	标准差
技术有用性感知 （PU）	养殖废弃物资源化利用技术能带来生态效益（PU1）	4.12	0.872
	养殖废弃物资源化利用技术能带来经济效益（PU2）	3.17	1.224
	养殖废弃物资源化利用技术能带来社会效益（PU3）	3.46	1.137

续表

潜变量	观测变量	均值	标准差
技术易用性感知（EU）	学习养殖废弃物资源化利用技术对我来说是件容易的事（EU1）	3.02	1.361
	通过简单的培训，我能轻易掌握养殖废弃物资源化利用技术（EU2）	3.04	1.245
	通过技术指导，我能较容易理解养殖废弃物资源化利用技术的原理（EU3）	3.13	1.026
技术采纳意愿（WA）	如果条件允许，我愿意采纳资源化利用技术（WA1）	3.97	1.187
	我愿意继续关注资源化利用技术的动向（WA2）	4.01	0.925
	我愿意向亲朋好友推荐资源化利用技术（WA3）	3.41	1.017

资料来源：调研数据整理。

6.3 社会资本对农户技术采纳意愿影响的路径分析

6.3.1 信度与效度检验

为保证最终研究结论的可信性和有效性，在进行模型分析之前需要对编制的量表进行信度与效度检验。在信度检验方面，本书采用 Cronbach's α 系数和组合信度（CR）两种指标。通常情况下，Cronbach's α 系数在 0.7 以上，CR 值在 0.6 以上，则表明量表信度较好（Fornell & Larcker，1981）。如表 6-2 所示，本量表各观测变量的标准化载荷量在 0.644~0.892 之间，完全符合因子载荷不小于 0.6 的要求。各潜变量的 Cronbach's α 系数在 0.763~0.817 之间，均大于其标准值 0.7；组合信度在 0.761~0.864 之间，均大于其标准值 0.6，表明本量表具有良好的信度。

表 6-2 信度与效度检验结果

潜变量	观测变量	标准化载荷量	Cronbach's α 系数	CR	AVE	KMO 值	Bartlett 球形检验
社会网络（YN）	YN1	0.781	0.801	0.832	0.588	0.781	P = 0.000
	YN2	0.814					
	YN3	0.772					
	YN4	0.793					
	YN5	0.689					
	YN6	0.734					

续表

潜变量	观测变量	标准化载荷量	Cronbach's α 系数	CR	AVE	KMO 值	Bartlett 球形检验
社会信任（YT）	YT1	0721	0.817	0.864	0.683	0.776	P = 0.000
	YT2	0.845					
	YT3	0.892					
	YT4	0.884					
	YT5	0.736					
	YT6	0.812					
社会规范（YS）	YS1	0.883	0.804	0.851	0.521	0.797	P = 0.000
	YS2	0.754					
	YS3	0.661					
	YS4	0.712					
	YS5	0.644					
	YS6	0.671					
技术有用性感知（PU）	PU1	0.702	0.812	0.749	0.524	0.826	P = 0.000
	PU2	0.712					
	PU3	0.754					
技术易用性感知（EU）	EU1	0.794	0.763	0.761	0.513	0.785	P = 0.000
	EU2	0.698					
	EU3	0.671					
技术采纳意愿（WA）	WA1	0.807	0.784	0.786	0.548	0.717	P = 0.000
	WA2	0.681					
	WA3	0.728					

　　效度检验包括内容效度检验与建构效度检验。内容效度反映测量题项的适当性与代表性，即检验观察变量能否达到所要衡量的目的，通常以这一领域的专家对问卷测量题项的判断为依据。本书所用量表中的潜变量及其显变量的设计是基于理论研究、文献归纳、专家意见、预调查分析等综合考虑的结果，因此量表具有一定的内容效度。建构效度检验的目的是考察样本能在多大程度上测量出理论的特质，即实际的测量值能解释某一指标特质的多少。建构效度由收敛效度与区别效度组成。如表6-2所示，各潜变量的 KMO 值分别为 0.781、0.776、0.797、0.826、0.785、0.717，均大于标准值0.7，且 Bartlett 球体检验结果显著，表明数据适合进行因子分

析。同时，AVE（平均方差抽取量）指标值在 0.513~0.683 之间，均大于标准值 0.5，说明量表的收敛效度较好。本书选择平均方差抽取的平方根与相关系数的大小比较来衡量区别效度。如果每一个潜变量的 AVE 平方根均大于该潜变量与其他潜变量的标准化相关系数，则区别效度良好。如表 6-3 所示，各潜变量的 AVE 平方根（0.767、0.826、0.722、0.724、0.716、0.740）均大于同行或同列的数字，即大于其与其他潜变量的标准化相关系数。因此，各潜变量之间具有良好的区别效度。由此可见，本书所用量表具有良好的信度与效度，保障了后续模型估计结果的准确性。

表 6-3 潜变量的区别效度检验结果

潜变量	YN	YT	YS	PU	EU	WA
社会网络	0.767	—	—	—	—	—
社会信任	0.603	0.826	—	—	—	—
社会规范	0.527	0.431	0.722	—	—	—
技术有用性感知	0.354	0.362	0.329	0.724	—	—
技术易用性感知	0.325	0.376	0.312	0.219	0.716	—
技术采纳意愿	0.532	0.498	0.415	0.467	0.313	0.740

6.3.2 违反估计和正态性检验

为确定参数估计值的合理性，应首先对模型是否"违反估计"进行检验，即考察模型中标准化系数和测量误差值是否在可接受的范围内（吴明隆，2009）。模型结果显示，标准化系数均没有超过或非常接近 1，未出现非常大的标准误；测量误差方差都在 0.015~1.127，无负的误差方差存在；协方差间标准化估计值的相关系数均小于 1；协方差矩阵或相关矩阵为正定矩阵。综上表明，模型没有出现违反估计的问题，可以进行模型的整体配适度检验。同时，养殖户废弃物资源化利用技术采纳模型中各观察变量的偏度系数和峰度系数都接近于 0，说明观测变量呈正态分布。

6.3.3 模型整体配适度检验

在模型整体配适度检验方面，本书选择了绝对拟合指数（χ^2/df、RMR、GFI）、相对拟合指数（NFI、TLI、CFI）、简约拟合指数（PGFI、PNFI、PCFI）。如表 6-4 所示，绝对拟合指数中，χ^2/df（卡方自由度比值）为

2.431；RMR（残差均方和平方根）为 0.045；GFI（绝对拟合优度指数）
为 0.932。相对拟合指数中，NFI（规范拟合指数）为 0.947；TLI（非规范
拟合指数）为 0.925；CFI（相对拟合指数）为 0.951。简约拟合指数
中，PGFI 为 0.582；PNFI 为 0.684；PCFI 为 0.669。上述指标均在标准值
以内，说明模型整体具有良好的配适度。

表 6-4　模型整体配适度检验

拟合指数	具体指数	实际拟合值	标准值	结果
绝对拟合指数	χ^2/df	2.431	<3	理想
	RMR	0.045	<0.05	理想
	GFI	0.932	>0.9	理想
相对拟合指数	NFI	0.947	>0.9	理想
	TLI	0.925	>0.9	理想
	CFI	0.951	>0.9	理想
简约拟合指数	PGFI	0.582	>0.5	理想
	PNFI	0.684	>0.5	理想
	PCFI	0.669	>0.5	理想

资料来源：根据 AMOS21.0 运行结果整理所得。

6.3.4　研究假设检验结果分析

运用 Amos21.0 软件，通过极大似然估计法对假设模型进行估计，得到
社会资本各维度、技术有用性感知、技术易用性感知对养殖户废弃物资源
化利用技术采纳意愿的影响结果。如表 6-5 所示，所有假设均在 1% 或 5%
的显著性水平上通过检验，与理论预期一致。具体分析如下：

第一，社会资本各维度能显著正向影响养殖户废弃物资源化利用技术
采纳意愿。如表 6-5 所示，社会网络、社会信任、社会规范对养殖户废弃
物资源化利用技术采纳意愿影响的标准化系数路径分别为 0.376、0.358、
0.276，临界比分别为 5.623、7.310、6.104。因此，假设 6-1a、6-1b、
6-1c 得到验证。可能的解释是，社会网络水平越高的养殖户，越能及时、
准确、全面地获得技术相关信息，同时也能更好地将养殖废弃物资源化利
用的信息资源分享给他人，使网络成员在运用该技术时面临的不确定性越
小，养殖户采纳废弃物资源化利用技术的意愿也越高。农村社区通常具有
封闭、紧密、内聚的特征，同村农户之间往往保持着频繁的互动，在这一

过程中形成彼此的信任，而信任水平越高，越愿意听从他人的建议行事，养殖户采纳废弃物资源化利用技术的意愿越高。社会规范作为一种非正式约束机制，可以使做出违背群体规范行为的个人遭到群体其他成员的排斥、受到舆论压力和道德谴责。养殖废弃物资源化利用是有利于改善农村生态环境和居住环境的行动，参与者均可从养殖废弃物资源化利用中得到良好的社会声誉和环境改善的福利。因此，良好的社会规范会提高养殖户废弃物资源化利用技术的采纳意愿。

第二，技术有用性感知、技术易用性感知在社会资本各维度对养殖户废弃物资源化利用技术采纳意愿的影响之间起到中间变量的作用。如表 6-5 所示，技术有用性感知和技术易用性感知对养殖户废弃物资源化利用技术采纳意愿影响的标准化系数路径分别为 0.442、0.321，临界比为 10.827、9.765，假设 6-2a、6-2b 得到验证。同时，社会资本各维度对技术有用性感知影响的标准化系数路径分别为 0.325、0.319、0.261，临界比分别为 8.203、9.732、4.209，假设 6-3a、6-3c、6-3e 得到检验。社会资本各维度对技术易用性感知影响的标准化系数路径分别为 0.332、0.303、0.247，临界比分别为 10.424、8.335、3.274，假设 6-3b、6-3d、6-3f 得到验证。这意味着，技术有用性感知、技术易用性感知在社会网络、社会信任和社会规范对养殖户废弃物资源化利用技术采纳意愿的影响之间起到中间变量的作用。可能的解释是，社会网络的信息共享机制使得网络发达的养殖户能够获得更多的信息，尤其是那些不能通过公开渠道获得的信息；良好的社会信任环境可以减少养殖户信息搜寻成本，提高其信息利用率；社会规范可以让养殖户看到群体成员对废弃物资源化利用技术采纳情况和效果，并在观察中进行学习，从而降低了采纳新技术的焦虑感。这些均有利于提升养殖户对技术有用性和易用性的感知，当养殖户认为废弃物资源化利用技术既能给自己带来效益又容易掌握时，必然会提高其采纳这一技术的意愿。

表 6-5　结构方程估计结果

假设	路径	标准化路径系数	临界比值	假设检验
6-1a	WA←YN	0.376***	5.623	接受
6-1b	WA←YT	0.358***	7.310	接受
6-1c	WA←YS	0.276***	6.104	接受

续表

假设	路径	标准化路径系数	临界比值	假设检验
6-2a	WA←PU	0.442**	10.827	接受
6-2b	WA←EU	0.321***	9.765	接受
6-3a	PU←YN	0.325***	8.203	接受
6-3b	EU←YN	0.332***	10.424	接受
6-3c	PU←YT	0.319**	9.732	接受
6-3d	EU←YT	0.303***	8.335	接受
6-3e	PU←YS	0.261***	4.209	接受
6-3f	EU←YS	0.247***	3.274	接受

注：***、**分别表示在1%、5%的水平上显著。

资料来源：AMOS21.0运行结果整理所得。

　　为了进一步探讨社会资本各维度对养殖户废弃物资源化利用技术采纳意愿的影响，本章计算出社会网络、社会信任、社会规范的直接效应、间接效应和总效应，如表6-6所示。从总效应来看，社会网络对养殖户废弃物资源化利用技术采纳意愿的总体影响最大（0.627），其次为社会信任（0.596），而社会规范的正面促进作用最小（0.470）。这表明，与社会信任和社会规范相比，社会网络对养殖户废弃物资源化利用技术采纳意愿的影响更明显。这也充分证实了社会网络在农业技术扩散中具有重要地位。从直接效应和间接效应来看，社会资本各维度不仅对养殖户废弃物资源化利用技术采纳意愿具有直接影响，还能通过中间变量（技术有用性感知、技术易用性感知）对养殖户废弃物资源化利用技术采纳意愿产生间接影响。在直接效应影响中，对养殖户废弃物资源化利用技术采纳意愿影响程度从大到小依次是：社会网络、社会信任、社会规范。在间接影响中，社会资本各维度通过技术有用性感知的间接影响（0.144、0.141、0.115）均大于通过技术易用性感知的间接影响（0.107、0.097、0.079）。可能的解释是，技术信息在传递和分享过程中，养殖户更关心的是该技术能否给自己带来效益而不是这一技术是否容易被掌握。换言之，即使养殖户认为技术很容易掌握，但是若技术不能给其带来利益，养殖户也不会有强烈意愿去采纳该项技术。

表6-6   社会资本各维度对养殖户废弃物资源化利用技术采纳意愿的影响效应

变量	直接效应	间接效应		总效应
		作用路径	效应	
社会网络	0.376	YN→PU→WA	0.325×0.442＝0.144	0.627
		YN→EU→WA	0.332×0.321＝0.107	
社会信任	0.358	YT→PU→WA	0.319×0.442＝0.141	0.596
		YT→EU→WA	0.303×0.321＝0.097	
社会规范	0.276	YS→PU→WA	0.261×0.442＝0.115	0.470
		YS→EU→WA	0.247×0.321＝0.079	

6.3.5   多群组结构方程检验

梳理国内外文献发现，农户技术采纳意愿的研究较少关注经营规模的差异，尤其是关于养殖户废弃物资源化利用技术采纳的文献中讨论不同养殖规模之间差异的更少。当前，我国生猪养殖业正处于转型期，养殖规模呈现出明显的分化趋势。而不同规模养殖户在个人特征、社会关系网络、政府补贴和约束力度等方面均呈现出较大差异。此外，有学者研究发现，养殖户的受教育年限不同，获取信息和掌握信息的能力及对事物的认知能力等方面也存在差异。因此，本书利用多群组结构方程进行多群组分析，以探究不同养殖规模和受教育年限群组中，社会资本对生猪养殖户废弃物资源化利用技术采纳意愿的影响是否存在差异。

首先，根据实际调查情况、相关文献、专家建议，本书根据养殖规模将样本分为中小规模组（500头以下）、大规模组（500头及以上）；将养殖户受教育年限划分为低文化水平组（受教育年限<12年）、高文化水平组（受教育年限≥12年）。其次，为找出最适配的路径模型，在进行多群组结构方程分析时，要对各参数限制模型进行比较。限制模型有五种，分别是预设模型、测量系数相等模型、结构系数相等模型、结构协方差相等模型和结构残差相等模型。通过比较，本书选择预设模型作为多群组分析模型。多群组模型的NC（卡方自由度比）介于1.426~1.783，均小于2；CFI值和GFI值介于0.929~0.951，均超过0.9的标准值；RMSEA值介于0.032~0.045，均低于0.05的临界值。由此可见，上述指标反映多群组分析模型与样本数据适配情况较好，多群组分析的估计结果见表6-7。

表 6-7　多群组分析结果

假设	路径	养殖规模			受教育水平		
		中小规模	大规模	临界比	低文化水平	高文化水平	临界比
6-1a	WA←YN	0.246***	0.463***	4.357	0.303***	0.442***	5.784
6-1b	WA←YT	0.401***	0.321***	6.865	0.286***	0.454***	1.132
6-1c	WA←YS	0.184***	0.357***	7.569	0.229***	0.318***	0.976
6-2a	WA←PU	0.343**	0.558**	1.231	0.325**	0.562**	8.761
6-2b	WA←EU	0.259***	0.376***	1.452	0.237**	0.413***	1.328
6-3a	PU←YN	0.262**	0.391***	8.673	0.228***	0.426***	6.896
6-3b	EU←YN	0.254***	0.417***	0.964	0.306***	0.345***	1.125
6-3c	PU←YT	0.259**	0.372***	1.043	0.240**	0.389***	1.432
6-3d	EU←YT	0.305***	0.297***	1.148	0.264***	0.357***	0.863
6-3e	PU←YS	0.201***	0.245***	1.573	0.251***	0.106***	4.769
6-3f	EU←YS	0.305***	0.192***	4.248	0.296***	0.182***	1.264

注：①当临界比的绝对值<1.65，说明参数间差异值没有通过显著性检验，即两组样本结构方程模型分析中相应的标准化回归系数间的差异显著等于零；反之，临界比的绝对值>1.65，则说明标准化回归系数间的差异不等于零，即存在差异。②**、***分别表示在 5%、1%的水平上显著。

表 6-7 多群组分析结果显示，假设检验均与前文中使用全样本估计时的结果一致，表明本书提出的理论模型稳定性较好。但不同分组样本中相同属性的标准化回归系数间存在差异，说明养殖规模和养殖户受教育年限在部分路径中存在影响差异。

在养殖规模分组中，WA←YN 路径、WA←YT 路径、WA←YS 路径、PU←YN 路径和 EU←YS 路径，这五个路径的作用大小受养殖规模大小的影响。其中，WA←YN 路径在中小规模组的系数（0.246）和大规模组的系数（0.463）在 1%的水平上显著，并且后者大于前者；PU←YN 路径在中小规模组的系数（0.262）和大规模组的系数（0.391）分别在 5%和 1%的水平上显著，并且后者大于前者。这意味着，大规模养殖户的社会网络对其采纳养殖废弃物资源化利用技术意愿和技术有用性感知的影响比中小规模养殖户大。可能的解释是，相比中小规模养殖户，大规模养殖户的社会网络结构更加复杂、网络成员也更多，而且很多时候大规模养殖户处于"结构洞"位置，由此获得的信息数量和质量也更高。因此，社会网络对大规模养殖户技术采纳意愿和技术有用性感知的影响也更大。WA←YT 路径在中小规模组的系数（0.401）和大规模组的系数（0.321）均在 1%的水平上显著，并且前者大于后者，这意味着，中小规模养殖户的社会信任对其采纳养殖废弃物资源化利用技术意愿的影响比大规模养殖户大。可能的解释是，相对于大规模养殖户，中小规模养殖户在养殖过程中更多地需要熟人间的彼此合作，而信任是合作的基础，所以社会信任对其技术采纳意愿的影响较大。WA←YS 路径在中小规模组的系数（0.184）和大规模组的系数（0.357）均在1%的水平上显著，并且后者大于前者，这意味着，大规模养殖户的社会规范对其采纳废弃物资源化利用技术意愿的影响比中小规模养殖户大。可能的解释是，大规模养殖户产生的废弃物更多更集中，若不资源化利用则对农村生态环境的破坏较大，政府和村民对大规模养殖户的监督也更多。为避免因随意排放生猪粪污导致政府罚款或村邻冲突，大规模养殖户会更注重社会规范的影响。EU←YS 路径在中小规模组的系数（0.305）和大规模组的系数（0.192）分别在1%和5%的水平上显著，并且前者大于后者，这意味着，中小规模养殖户的社会规范对其技术感知易用性的影响比大规模养殖户大。可能的解释是，通常大规模养殖户的养殖废弃物资源化利用方式与中小规模养殖户不同，其工艺更加复杂，技术难度更大，所需设施设备也更多。因此，大规模养殖户对废弃物资源化利用技术易用性的感知受社会规范的影响较小，而受技术本身操作难易度和相关设施的获取难易度影响较大。

在受教育水平分组中，WA←YN 路径、WA←PU 路径、PU←YN 路径和 PU←YS 路径，这四个路径的作用大小受到养殖户文化水平大小的影响。其中，WA←YN 路径在低文化水平组的系数（0.303）和高文化水平组的系数（0.442）在1%的水平上显著，并且后者大于前者，这意味着，与低文化水平养殖户相比，高文化水平养殖户的社会网络对其养殖废弃物资源化利用技术采纳的影响更大。可能的解释是，与低文化水平养殖户相比，高文化水平的养殖户对养殖废弃物给环境带来的危害认识更深刻，对网络成员提供的养殖废弃物资源化利用技术信息的获取、吸收和理解能力更强，因此养殖废弃物资源化利用技术采纳的意愿也更积极。WA←PU 路径在低文化水平组的系数（0.325）和高文化水平组的系数（0.562）分别在5%的水平上显著，并且后者大于前者，这意味着，高文化水平养殖户的技术有用性感知对其养殖废弃物资源化利用技术采纳的影响比低文化水平养殖户大。可能的解释是，与低文化水平养殖户相比，高文化水平的养殖户视野更开阔，对养殖废弃物资源化利用技术的发展情景和各方面效益了解得更加透彻。因此，高文化水平养殖户的技术有用性感知对技术采纳意愿

的影响更大。PU←YN 路径在低文化水平组的系数（0.228）和高文化水平
组的系数（0.426）均在 1% 的水平上显著，并且后者大于前者，这意味
着，高文化水平养殖户的社会网络对技术有用性感知的影响比低文化水平
养殖户大。可能的解释是，与低文化水平养殖户相比，高文化水平养殖户
对周围人传递的信息的甄别力较强，能够更快地识别和利用有效信息，从
而形成对技术有用性的感知。因此，高文化水平养殖户的社会网络对技术
有用性感知的影响更大。PU←YS 路径在低文化水平组的系数（0.251）和
高文化水平组的系数（0.106）在 1% 的水平上显著，并且前者大于后者。
这意味着，低文化水平组的社会规范对其技术有用性感知的影响显著比高
文化水平组的大。可能的原因是，与高文化水平养殖户相比，低文化水平
的养殖户对养殖废弃物资源化利用技术的理解能力相对较弱，在技术采纳
这件事情上更愿意听从亲朋好友、村干部等的建议，并在群体成员支持的
情况下更容易形成技术采纳意愿；而高文化水平的养殖户更多地依靠自己
对该技术的理解做出决策，受社会影响相对较小。

6.4　本章小结

　　本章基于嵌入性社会结构理论，采用结构方程模型，利用吉林省 615 份
生猪养殖户调查问卷，实证分析了社会资本各维度对养殖户废弃物资源化
利用技术采纳意愿的影响。主要结论如下：

　　第一，社会资本各维度不仅对养殖户废弃物资源化利用技术采纳意愿
具有直接正向影响，还能通过技术感知（技术有用性感知、技术易用性感
知）对养殖户废弃物资源化利用技术采纳意愿产生间接正向影响。从总效
应来看，对养殖户废弃物资源化利用技术采纳意愿影响最大的是社会网
络，其次为社会信任，而社会规范的正面促进作用最小。从直接效应来
看，对养殖户废弃物资源化利用技术采纳意愿影响程度从大到小依次是：
社会网络、社会信任、社会规范。从间接效应来看，社会网络、社会信任、
社会规范通过技术有用性感知这一中间变量的间接影响均大于通过技术易
用性感知这一中间变量的影响。

　　第二，以养殖规模和养殖户受教育年限设定为调节变量，利用多群组
结构方程进行多群组分析，结果显示，多群组结构方程模型估计结果与全
样本结构方程模型估计结果在总体上具有一致性，但养殖规模、养殖户受
教育年限 2 个变量在部分路径中存在影响差异。在养殖规模分组中，大规模

养殖户的社会网络对其采纳养殖废弃物资源化利用技术意愿和技术有用性感知的影响、社会规范对其采纳养殖废弃物资源化利用技术意愿的影响均比中小规模养殖户大。而中小规模养殖户的社会信任对其采纳养殖废弃物资源化利用技术意愿的影响、社会规范对其技术感知易用性的影响均比大规模养殖户大。在受教育水平分组中，高文化水平养殖户的社会网络和技术有用性感知对其养殖废弃物资源化利用技术采纳的影响、社会网络对技术有用性感知的影响均大于低文化水平养殖户。而低文化水平组的社会规范对其技术有用性感知的影响显著比高文化水平组的大。

第七章 社会资本对农户技术采纳行为的影响

第六章运用结构方程模型探析了社会资本各维度对养殖户废弃物资源化利用技术采纳意愿的影响路径。在养殖户形成技术采纳意愿之后，面临着是否采纳这一技术的问题。因此，本章将考察社会资本对养殖户废弃物资源化利用技术采纳行为的影响。首先，基于吉林省生猪养殖户实地调查数据，运用二元 Logistic 模型重点探析社会资本及各维度对养殖户废弃物资源化利用技术采纳行为的影响，并阐释了社会资本及各维度在促进养殖户技术采用行为中的边际效应。其次，考察环境规制政策对社会资本及各维度与养殖户废弃物资源化利用技术采纳行为关系的调节作用，为进一步提升养殖户废弃物资源化利用技术采纳行为提供理论和现实依据。

7.1 理论分析

养殖户对废弃物资源化利用技术的采纳行为直接决定着农业环境污染治理的成效。因此，学者对养殖户资源化技术采纳行为的影响因素进行了有益的探讨。已有研究证实个人及家庭特征（养殖户年龄、教育水平、收入水平、家庭非农劳动比例等）、养殖特征（养殖规模、养殖培训、养殖年限等）、心理感知（环境风险感知、循环利用意识）、环境规制对养殖户资源化利用技术采纳行为具有显著影响。不难看出，现有文献大多关注的是养殖户个体资本禀赋和环境规制政策对资源化利用技术采纳行为的影响，而忽视了社会互动在其中的作用，尤其是社会资本对养殖户废弃物资源化利用技术采纳行为的影响。那么，社会资本是否影响养殖户废弃物资源化利用技术采纳行为？影响方向和程度如何？环境规制在社会资本对养殖户废弃物资源化利用技术采纳行为影响中是否具有调节作用？这些问题还需进一步深入探讨。

7.1.1　社会资本对资源化利用技术采纳行为的影响机理

社会资本是蕴藏于社会网络成员或群体内部，能够为每一个成员提供支持的实际和潜在的资源总和，越来越多的学者开始关注社会资本在农业技术采纳中的作用。中国作为典型的关系型社会，基于血缘、地缘、亲缘的社会关系资源在农村社区中发挥着重要作用，因而在养殖户技术采纳过程中考察社会资本的作用就显得非常重要。

为考察社会资本不同维度对养殖户废弃物资源化利用技术采纳行为的影响，依据第四章对社会资本的分类，将社会资本分为社会网络、社会信任、社会规范三个维度。

农业技术扩散理论指出，在新技术使用早期，由于新技术的收益不确定性，只有少部分风险偏好型农户会率先采用，之后这些农户会将新技术的相关信息以口头相传和典型示范的形式传递给其他农户，这些信息的传播主要依靠农户的社会网络。旷浩源（2014）的研究证实了这一点，他研究发现由于新技术采用效果具有不确定性，农户在技术采纳时更倾向于选择可靠熟人已采纳或介绍的技术。社会网络是个体与个体、个体与组织之间情感交流、信息交流的重要渠道。中国是一个以血缘、亲缘、地缘和业缘关系交织在一起的社会网络特征明显的国度，农户往往通过社会互动获取技术信息，修正技术预期收益，并做出采用决策。可以说，社会网络是养殖户之间互动学习的重要平台，通过这一平台，养殖户可以交流养殖废弃物资源化利用技术使用心得，积累技术知识，从而降低养殖户技术学习与使用成本，促进"干中学"和"学中干"。旷浩源（2014）认为，技术和信息等隐性知识存在于社会网络中，并在网络中进行流动，从而提高了资源配置能力，加快了技术扩散的速度。Ramirez（2013）研究发现，农户会通过各种社会网络获取技术信息，以提高技术采用率，并且已采用农业技术的农户主要通过亲戚朋友的关系网络传播技术信息。进一步地，Bandiera（2006）指出，农户社会网络强度越高，越愿意和网络中其他农户共享技术信息，有效促进新技术扩散，同时若农户的个体网络中存在已采用技术的人，则对提高农户的技术采用率具有促进作用。另外，社会网络还能为农户提供技术采纳所需的物质资本和资金支持，提高他们的风险承担能力等。

社会信任是固定区域内人们长期交往形成的相互信任关系，有助于个体与他人构建稳定的合作规则和互惠机制，提高集体合作的可能性。通常，社会信任水平越高的地方，成员间合作的可能性越大。社会信任如何影响养殖户采纳养殖废弃物资源化利用技术呢？首先，社会信任通过建立声誉机制来降低监督管理成本，形成内部约束。声誉是其他人对个体的总体评价。个人声誉损失的强弱与外界的压力高低成正比，外界的压力越强，个人违反社会准则和契约的声誉损失就越大。养殖户对废弃物的废弃行为具有很强的负外部性，这种行为会给个人的声誉带来损失。在农村这样一个更看重面子的"熟人社会"中，为了避免声誉受损，养殖户更愿意付出信任或听从他人的建议而采纳废弃物资源化利用技术。其次，社会信任通过建立信息共享机制促使养殖户采纳废弃物资源化利用技术。养殖废弃物资源化利用技术属于绿色技术，养殖户对这一技术采纳率不高的一个原因是对养殖废弃物环境污染问题的认知不够深入。通过信息的共享，可以提高养殖户对环境风险的感知。同时，技术信息的传递可以减少养殖户间信息不对称的情况，降低养殖户的信息搜寻成本，增加养殖户间的互惠行为，从而提高养殖户废弃物资源化利用技术采纳的概率。最后，社会信任通过建立合作机制促使养殖户采纳废弃物资源化利用技术。农村公共环境的维护需要大量养殖户的共同努力，社会信任有助于养殖户开展合作，形成互惠利他的心理，并在此基础上，共同且自愿采纳养殖废弃物资源化利用技术以保护环境。

社会规范是指个体依从于各种社会压力的信念，它是个体对于他们所在乎的人会如何看待他们的特定外显行为的信念。换言之，社会中其他成员对某行为的评价和参与会影响个体的行为决策。规范焦点理论将社会规范划分为两个维度：描述性规范和命令性规范，两者对个体行为的影响机制不同。描述性规范对个人行为影响的机制在于人们的"从众心理"。郭清卉、李世平等（2018）研究发现，社会规范中描述性规范通过作用于农民的从众心理来影响农户化肥减量化措施采纳行为。对养殖户而言，当其看到他在乎的大多人都采纳了养殖废弃物资源化利用技术，他也会采纳这一技术。因为，参照大多数人的行为而行事，无须进行价值判断，也无须进一步思考这一行为是否会受到社会赞成或反对，这样做是最为合理和安全的选择。命令性规范往往通过社会制裁或奖励影响个体的行为选择。只有与群体中大多数人赞成或反对的行为保持一致，才能获得群体的非正式奖励（支持、良好的人际关系等）。陈欣如、王礼力（2018）的研究表明，农户往往十分在意他人对自己的看法和评价，当感受到周围人对先进节水技术的称赞时，农户会更愿意采纳这一技术。因此，社会规范中命令性规范对农户节水灌溉技术采用行为具有促进作用。对于养殖户而言，当群体中大多数人都赞成养殖废弃物资源化利用，那么为了得到群体的非正式奖励或避免惩罚，也为了向他人发出愿意合作的信号，养殖户会提高采纳养殖废弃物资源化利用技术的概率。

7.1.2 环境规制政策对社会资本与技术采纳行为关系的调节作用

环境规制是政府对微观主体行为进行干预和管理的制度措施，通过影响资源配置以实现环境成本内部化，从而实现环境与经济协调发展。鉴于养殖废弃物直接排放的负外部性以及资源化利用的正外部性，政府的适当介入对养殖废弃物资源化利用具有重要作用；同时，政府采取惩罚与补贴双向规制更有利于多途径促进养殖户进行废弃物资源化利用。目前促进养殖废弃物资源化利用的政策措施主要包括约束型政策和激励型政策两类。约束型政策的基本特征是政府的相关部门以技术准入、违规罚款、强制关停等强硬手段对养殖户环境污染行为进行约束；激励型政策的基本特征是政府以养殖废弃物处理设施补贴、养殖废弃物资源化利用电价优惠和猪场标准化建设补贴等措施鼓励养殖户进行养殖废弃物资源化利用。无论是约束型环境规制政策还是激励型环境规制政策，其主要目的都是规范和激励养殖户参与养殖废弃物的资源化利用，实现畜禽养殖与环境的协调发展。已有研究表明，环境规制是农户亲环境行为实施过程中最重要的情境因素，对农户亲环境行为的实施具有调节作用。如黄晓慧、陆迁等（2019）研究表明，生态补偿政策对农户资本禀赋、生态认知与水土保持技术采用行为及采用程度关系中具有正向调节效应。张郁、江易华（2016）研究表明，环境规制政策在养殖户环境风险感知与环境行为关系中具有正向调节效应。张郁等（2015）以湖北省248个专业养殖户（场）为调查对象，研究表明生态补偿政策对养殖户资源禀赋与环境行为关系具有显著的正向调节效应。然而，环境规制作为养殖户废弃物资源化利用技术采纳过程中重要的情境变量，其对社会资本与养殖户废弃物资源化利用技术采纳行为关系中的调节效应还有待进一步验证。

基于以上理论分析及国内外相关研究成果，本书构建了环境规制情境下社会资本对养殖户废弃物资源化利用技术采纳行为影响的理论模型（见图7-1）。

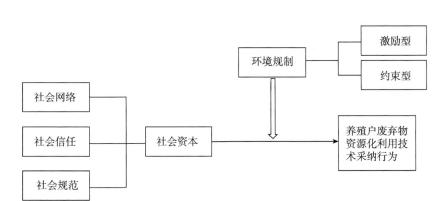

图 7-1　环境规制情境下社会资本对养殖户废弃物
资源化利用技术采纳行为影响的理论模型

7.2　研究方法、数据来源与变量选择

7.2.1　研究方法

在本书中，养殖户废弃物资源化利用技术采纳行为只有"已采纳"和
"未采纳"两种情况，是一个典型的二元决策问题。借鉴仇焕广（2012）、
张郁（2015）、孔凡斌（2016）等相关学者的研究思路，本书选用二元 Lo-
gistic 模型来分析社会资本对养殖户废弃物资源化利用技术采用行为的影响。
用 Y 表示养殖户技术采纳行为，当养殖户发生采纳行为，令 $Y=1$；反
之，$Y=0$。具体可以表示为：

$$Y = \begin{cases} 1 \ \text{已采纳} \\ 0 \ \text{未采纳} \end{cases}$$

本书主要关心的是自变量的变化对事件发生概率的影响，即 $P=P(Y=1)$
的变化，二元 Logistic 模型表达式如下：

$$\text{Logistic}(P) = \ln\left(\frac{P}{1-P}\right) = \beta_0 + \beta_1 X_1 + \beta_2 X_2 + \cdots + \beta_i X_i + \varepsilon$$

$$(7-1)$$

其中，β_0 为模型截距，X_i 为第 i 个影响因素，β_i 为影响因素的回归系
数，ε 为随机扰动项。根据式（7-1），通过变换可求得概率 p 的计算公式：

$$P = (y = 1/x_i) = \frac{exp(\beta_0 + \beta_1 x_1 + \beta_2 x_2 + \cdots + \beta_n x_n)}{1 + exp(\beta_0 + \beta_1 x_1 + \beta_2 x_2 + \cdots + \beta_n x_n)}$$

在其他变量不变的情况下，自变量 X_i 从 0 变动到 1，引起养殖户废弃物资源化利用技术采纳行为发生概率的变化为：

$$\Delta p = p\,(y = 1/x_i = 1)\ - p\,(y = 1/x_i = 0)$$

$$= \frac{exp(\beta_0 + \beta_1 x_1 + \beta_2 x_2 + \cdots + \beta_n x_n)}{1 + exp(\beta_0 + \beta_1 x_1 + \beta_2 x_2 + \cdots + \beta_n x_n)}$$

$$- \frac{exp(\beta_0 + \beta_1 x_1 + \beta_2 x_2 + \cdots + \beta_{n-1} x_{n-1})}{1 + exp(\beta_0 + \beta_1 x_1 + \beta_2 x_2 + \cdots + \beta_{n-1} x_{n-1})}$$

这被称为自变量变化的边际效应。

7.2.2 数据来源

本章所用微观数据主要通过问卷调查方式获得，调查时间为 2017 年 9 月至 11 月，调研地点为梨树县、农安县、德惠市、榆树市、公主岭市、九台市。本次共发放问卷 633 份，剔除前后矛盾、有明显瑕疵的问卷后，获得有效问卷 615 份，有效率为 97.16%。

7.2.3 变量选择

7.2.3.1 因变量

根据本书第三章对样本养殖户废弃物资源化利用技术采纳实际情况的调研可知，吉林省生猪养殖户采纳的资源化利用技术是肥料化技术和能源化技术。但是采纳能源化技术的养殖户仅为 54 户，数量较少。因此，在本章分析养殖户废弃物资源化利用技术采纳行为时不区分养殖户采纳技术的类型，只要养殖户采纳了这两种技术中的一种，就表示养殖户采纳了养殖废弃物资源化利用技术，赋值为 1；养殖户没有采用任何一种技术，赋值为 0。

7.2.3.2 核心自变量

本书主要考察社会资本及其不同维度对养殖户废弃物资源化利用技术采纳行为的影响。因此，选取社会资本、社会资本各维度（社会网络、社会信任、社会规范）作为核心自变量。由于社会资本、社会网络、社会信任和社会规范不易被直接观测，在实际使用中需要借助替代指标。结合已有研究，社会网络主要从强关系网络和弱关系网络两方面进行测度；社会

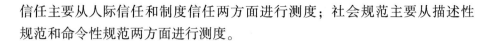

信任主要从人际信任和制度信任两方面进行测度；社会规范主要从描述性规范和命令性规范两方面进行测度。

7.2.3.3 调节变量

本书选择环境规制政策作为调节变量，主要通过约束型环境规制政策和激励型环境规制政策两个维度来衡量。借鉴张郁、江易华（2016）和于婷、于法稳（2019）的方法，约束型环境规制政策主要通过询问养殖户对"环保部门对养殖废弃物污染的监管力度""养殖废弃物随意排放的实质受罚力度"和"环境影响评价落实程度"的看法，按照"非常松散""比较松散""一般""比较严格""非常严格"从低到高依次赋值"1～5"取算术平均值；激励型环境规制政策主要通过询问生猪养殖户对"养殖废弃物资源化利用资金补贴获取难易度""养殖废弃物资源化利用设施获取难易度"和"养猪场标准化建设补贴获取难易度"的看法，按照"非常难""比较难""一般""比较容易""非常容易"从低到高依次赋值"1～5"取算术平均值。

7.2.3.4 控制变量

为排除其他可能影响养殖户废弃物资源化利用技术采纳行为的因素，结合以往研究，本书选取养殖户个人及家庭特征、养殖特征、心理感知三类变量作为控制变量。

（1）个人及家庭特征。①受教育水平。李后建（2012）的研究表明，教育可以增加农户采纳亲环境农业技术的可能性。通常，受教育水平越高的农户接受新技术的意愿就会越高，同时其掌握和运用新技术的能力也更强。因此，受教育水平越高的养殖户，其采纳养殖废弃物资源化利用技术的可能性越大。②村中职务。满明俊、李同昇（2010）的研究表明，和普通农民相比，村干部对新技术的采纳更积极。村干部为起到先锋模范带头作用，对国家鼓励推行的新技术往往比其他农户了解得更早也更多，也更愿意响应国家号召积极采纳新技术。因此，与普通养殖户相比，担任过村干部的养殖户采纳废弃物资源化利用技术的可能性更大。③技术培训。政府组织的技术培训有利于养殖户了解最新的技术、掌握技术方法，打破技术使用壁垒，是影响养殖户技术采用比较重要的因素（曹建民等，2005）。因此，接受养殖废弃物资源化利用技术培训频率越高的养殖户，采纳这一技术的可能性越大。

（2）养殖特征。①组织化程度。加入合作组织的养殖户能够获得合作组织为其提供的技术指导和相关服务，同时，合作组织为了保证相关产品的质量和养殖标准化会对养殖户的粪污处理行为进行监督，促使养殖户资源化利用养殖废弃物。②养猪收入在家庭总收入中占比。养猪收入在家庭收入中占比越大，说明养殖户对生猪养殖的依赖程度越大，由生猪养殖废弃物随意排放带来的环境污染对养殖户的影响也越大。因此，养猪收入在家庭总收入中占比越大，养殖户采纳废弃物资源化利用技术的可能性越大。③家庭养猪劳动力比例。养殖废弃物资源化利用需要耗费大量的人力和时间，而家庭养猪劳动力比例高的养殖户，可以用于养殖废弃物资源化利用的精力和时间较多，采纳养殖废弃物资源化利用技术的可能性较大。

（3）心理感知。①环境风险感知。环境风险感知是指人们对人类活动导致的环境变化给其生存的自然环境和社会人文环境带来的各种影响的心理感受程度和认知。环境风险感知作为养殖户对生猪养殖过程给环境造成不良影响的心理感受，是养殖户亲环境行为背后隐藏的重要心理因素。刘铮、周静（2018）研究发现，养殖户环境风险感知能显著影响其亲环境行为采纳。因此，养殖户对养殖废弃物排放带来的环境风险的感知越强，越有可能采纳养殖废弃物资源化利用技术。②责任意识。责任意识是对规范、对自己及他人权利义务的认识。意识是行动的基础，责任意识强的养殖户，更加清楚地知道畜禽养殖污染的治理不仅是政府的责任，更是养殖户自身的责任，因此，采纳养殖废弃物资源化利用技术的可能性越大。

变量的含义及具体赋值如表 7-1 所示。

表 7-1　变量含义及赋值说明

项目	变量名称	赋值标准	均值	标准差
因变量	技术采纳行为	未采纳=0，已采纳=1	0.70	0.36
控制变量	受教育水平	识字很少=1，小学=2，初中=3，高中（中专）=4，大专及以上=5	2.89	1.07
	村中职务	是否担任过村干部：否=0，是=1	0.23	0.52
	技术培训	参加养殖废弃物资源化利用技术培训频率：从未参加=1，较少参加=2，一般=3，较多参加=4，经常参加=5	2.05	0.63

续表

项目	变量名称	赋值标准	均值	标准差
控制变量	组织化程度	未参加合作社=0，参加合作社=1	0.31	0.65
	养猪收入在家庭总收入中占比	20%以下=1，21%~40%=2，41%~60%=3，61%~80%=4，81%~100%=5	3.61	0.69
	家庭养猪劳动力比例	20%以下=1，21%~40%=2，41%~60%=3，61%~80%=4，81%~100%=5	3.44	0.75
	环境风险感知	养殖废弃物对土壤、水体、空气等环境的影响程度：非常小=1，较小=2，一般=3，较大=4，非常大=5	3.67	1.04
	责任意识	养殖户在养殖废弃物污染治理方面的责任：非常小=1，较小=2，一般=3，较大=4，非常大=5	3.26	1.13
调节变量	约束型环境规制政策	非常松散=1，比较松散=2，一般=3，比较严格=4，非常严格=5	4.05	0.74
	激励型环境规制政策	非常难=1，比较难=2，一般=3，比较容易=4，非常容易=5	2.14	1.02

资料来源：调研数据整理。

7.3　社会资本对农户技术采纳行为影响的实证分析

7.3.1　多重共线性检验

为保证回归结果有效，本书首先对自变量间的多重共线性进行检验。通常采用方差膨胀因子（VIF）作为多重共线性检验的指标。通常，当VIF>3时，可认为解释变量之间存在一定程度的共线性；当VIF>10时，可认为解释变量之间存在高度共线性。限于篇幅，仅列出以"受教育水平"作为被解释变量的诊断结果（具体见表7-2）。综合全部检验结果，各解释变量之间的共线性程度在1.01~2.74之间，均处于合理范围之内，满足独立性原则，不存在显著共线性。

表 7-2　多重共线性检验结果

被解释变量	解释变量	共线性统计	
		容差	VIF
受教育水平	社会网络	0.99	1.01
	社会信任	0.87	1.15
	社会规范	0.85	1.18
	村中职务	0.88	1.14
	技术培训	0.92	1.09
	组织化程度	0.82	1.22
	养猪收入在家庭总收入中占比	0.61	1.64
	家庭养猪劳动力比例	0.55	1.82
	环境风险感知	0.57	1.75
	责任意识	0.96	1.04

资料来源：SPSS23.0 分析结果整理。

7.3.2　模型回归结果分析

运用养殖户调查数据，利用 SPSS23.0 统计软件将社会资本对养殖户废弃物资源化利用技术采纳行为的影响作用进行了二元 Logistic 回归分析，参数估计结果如表 7-3 所示。从回归结果看，两个模型的-2 倍对数似然值分别为 332.351 和 315.767；R^2 分别为 0.495 和 0.548；调整的 R^2 分别为 0.582 和 0.634；模型预测准确比率分别为 0.721 和 0.756，以上指标表明模型总体拟合效果较好。由于回归系数符号仅能反映各个变量对养殖户采纳废弃物资源化利用技术行为的影响方向，而且其大小并没有直接的实际意义，为了便于考察各变量对养殖户废弃物资源化利用技术采纳行为的影响程度，本书计算了各变量的边际效应值。

表 7-3　社会资本对养殖户废弃物资源化利用技术采纳行为影响的回归分析

变量		模型 1		模型 2	
		系数	边际效应	系数	边际效应
核心变量	社会资本	0.892*** (0.181)	10.31%*** (0.032)	—	—
	社会网络	—	—	0.345*** (0.152)	5.03%*** (0.047)

续表

变量		模型1		模型2	
		系数	边际效应	系数	边际效应
核心变量	社会信任	—	—	0.313 *** (0.093)	3.24% *** (0.013)
	社会规范	—	—	0.297 *** (0.259)	2.01% *** (0.076)
控制变量	受教育水平	0.169 (0.052)	2.11% (0.026)	0.133 (0.076)	2.10% (0.013)
	村中职务	0.474 * (0.342)	8.93% * (0.075)	0.459 * (0.338)	8.93% * (0.075)
	技术培训	0.292 ** (0.253)	5.44% ** (0.047)	0.266 ** (0.238)	5.42% ** (0.049)
	组织化程度	0.323 *** (0.074)	3.38% *** (0.036)	0.377 *** (0.076)	3.38% ** (0.031)
	养猪收入在家庭总收入中占比	0.196 * (0.162)	2.35% (0.023)	0.174 * (0.156)	2.38% * (0.023)
	家庭养猪劳动力比例	0.092 (0.123)	1.21% (0.073)	0.115 (0.124)	1.20% (0.076)
	环境风险感知	0.448 ** (0.162)	3.27% ** (0.021)	0.419 ** (0.164)	3.28% ** (0.026)
	责任意识	0.751 *** (0.232)	4.42% *** (0.052)	0.726 *** (0.231)	4.40% *** (0.057)
常数项		−3.292 (0.976)		−3.275 (0.743)	
卡方		167.452 (p=0.000)		175.447 (p=0.000)	
−2倍对数似然值		332.351		315.767	
R²		0.495		0.548	
调整的 R²		0.582		0.634	
预测准确比率		0.721		0.756	

　　注：* 、** 、*** 分别表示10%、5%、1%的水平上显著；括号中为标准误；所有数字均为四舍五入后的结果。

7.3.2.1 社会资本对养殖户资源化利用技术采纳行为的影响分析

由表7-3可知，社会资本对养殖户废弃物资源化利用技术采纳行为具有显著正向影响，且边际效应为10.31%。这意味着，在其他条件不变的情况下，养殖户的社会资本总量水平每提升1个等级，其采纳养殖废弃物资源化利用技术的概率会提升10.31%。可能的解释是，社会资本较高的养殖户，其社会关系网更庞大，与他人相处更加融洽，在长期的人际互动中能够获得更多的技术信息，降低了信息的搜寻成本，而这种互动还能增强彼此的认同感，从而降低达成一致行动的交易成本。同时，在养殖户和他人的长期交往中产生的信任、互惠及声誉会逐渐形成一种"制度化"沉淀，使彼此言行受到共同准则的约束。

为进一步探讨社会资本各维度对养殖户废弃物资源化利用技术采纳行为的影响，本书将社会资本解构为社会网络、社会信任、社会规范三个维度。由表7-3可知，社会网络对养殖户废弃物资源化利用技术采纳行为具有显著正向影响，且边际效应为5.03%。这意味着，在其他条件不变的情况下，养殖户的社会网络水平每提升1个等级，其采纳养殖废弃物资源化利用技术的概率会提升5.03%。可能的解释是，在政府技术推广体系不完善的情况下，利用这一体系获取的技术信息还相当有限，而"自我摸索"和"亲戚朋友"才是农户农业技术获取主要渠道。已有研究证实，社会网络在农户技术采用过程中起到关键作用。在我国农村这样一个"熟人社会"中，养殖户与他人形成了错综复杂的网络关系，这种关系通常以"差序格局"形式存在。养殖废弃物资源化利用技术信息正是在这种网络关系中以"水波纹式"的传播。社会网络水平高的养殖户会得到更多的信息，降低了其技术采纳面临的不确定性。而且网络关系中采纳这一技术的成员越多，养殖户间可以交流的心得也越多，相互学习的可能性变大，为技术的采纳者提供了风险共担的心理保障，从而促使养殖户采纳养殖废弃物资源化利用技术。

由表7-3可知，社会信任对养殖户废弃物资源化利用技术采纳行为具有显著正向影响，且边际效应为3.24%。这意味着，在其他条件不变的情况下，养殖户的社会信任水平每提升1个等级，其采纳养殖废弃物资源化利用技术的概率会提升3.24%。可能的解释是，社会信任可以划分为人际信任和制度信任两类。个人对亲朋好友、邻居等产生于个体与个体之间的信任为人际信任。中国是一个以"圈子"为核心的人情社会，养殖户通过长期的"走亲戚串门""低头不见抬头见"的邻里互动，形成了自己的"圈子"文化。在与"圈子"成员的长期交往中，使彼此间的信息流动更为顺畅，对彼此的了解更多，这种了解增进了彼此间的信任，为合作奠定了良好的基础。养殖废弃物资源化利用是一个复杂的系统工程，从收集、贮藏到加工、运输都需要较多的人力、物力，而基于信任关系相信可以得到亲朋好友的帮助，无疑会提高养殖户采纳废弃物资源化利用技术的概率。另外，亲朋好友对废弃物资源化利用技术的良好评价作为一种口碑信息，在农村公共空间的相互交往中得以传播，也会形成辐射带动作用。制度信任主要源于养殖户对政府、对政策的信任。养殖废弃物资源化利用是近几年国家大力推行的养殖废弃物治理方式，它追求的是经济效益、生态效益和社会效益的统一，这也是国家和相关政策推广实施养殖废弃物资源化利用的缘由。养殖户对政府、对政策的信任程度，体现了其服从监管的程度。制度信任程度越高的养殖户与政府合作的可能性越大，采纳养殖废弃物资源化利用技术的概率越高。

由表7-3可知，社会规范对养殖户废弃物资源化利用技术采纳行为具有显著正向影响，且边际效应为2.01%。这意味着，在其他条件不变的情况下，养殖户的社会规范水平每提升1个等级，其采纳养殖废弃物资源化利用技术的概率会提升2.01%。可能的解释是，在中国农村社会中，以地缘、业缘为基础的养殖户与养殖户之间的交流和联系较为频繁，由于普遍存在的从众心理，其技术采纳行为极易受到周围养殖户行为的影响，产生羊群效应。而且当周围多数养殖户都认为采纳废弃物资源化利用技术利大于弊时，养殖户出于猎奇心理也可能尝试性地采纳这一技术。另外，养殖废弃物资源化利用具有公共物品属性，其利于本村生态环境的改善，能够增进全体村民的福利水平。社会规范作为一种非正式制度规范，其约束力越强对公共领域的自治约束力就较大，进而促进养殖户采纳这一能够促进集体福利增加的技术。

7.3.2.2　控制变量对养殖户资源化利用技术采纳的影响分析

由表7-3可知，村中职务、技术培训、组织化程度、养猪收入在家庭总收入中占比、环境风险感知、责任意识这6个变量通过了显著性检验，而受教育水平和家庭养猪劳动力比例这2个变量没有通过显著性检验。在边际效应方面，模型1和模型2中这些控制变量对因变量的边际效应虽有所差异，但整体差异不大，因此，本书对控制变量的边际效应分析主要基于模型 2 的数据，且只解释对因变量有显著影响效应的控制变量。

（1）个人及家庭特征对资源化利用技术采纳的影响

由表 7-3 可知，养殖户的村中职务变量对养殖户废弃物资源化利用技术采纳行为具有显著正向影响，且边际效应为 8.93%。这意味着，在其他条件不变的情况下，养殖户的村中职务变量每提升 1 个等级，其采纳废弃物资源化利用技术的概率会提升 8.93%。可能的解释是，作为村干部的养殖户，因为职责所在以及相关信息掌握较多，在政府大力鼓励养殖户采纳废弃物资源化利用技术的情况下，积极响应政府号召率先采纳这一技术，为其他村民做好榜样，起到模范带头作用。

技术培训变量对养殖户废弃物资源化利用技术采纳行为具有显著正向影响，且边际效应为 5.42%。这意味着，在其他条件不变的情况下，养殖户的技术培训水平每提升 1 个等级，其采纳废弃物资源化利用技术的概率会提升 5.42%。可能的解释是，养殖户参加的废弃物资源化利用技术培训越多，在技术培训中获得的技术知识、环境风险防控知识越多，对技术的掌控力越强，从而采纳废弃物资源化利用技术的概率越大。但是从表 7-1 的统计结果可以看出，养殖户接受的废弃物资源化利用技术培训的整体状况并不理想，均值仅为 2.05%。通过实地调查发现，政府技术推广部门组织的这类培训较少，多以宣传资料、技术手册等间接方式推广技术知识，缺乏现场指导形式的技术培训，可操作性较差。因此，政府应增加走访到户、面对面指导技术培训，提高养殖户对采纳养殖废弃物资源化利用技术的概率。

受教育水平对养殖户废弃物资源化利用技术采纳行为的影响未能通过显著性检验。这可能与当前的养殖户文化程度整体较低相关。实地调查显示，样本户学历水平以初中为主。通常，养殖户受教育程度的提高，不仅可以提升自身对养殖废弃物资源化利用在环境保护、保障人类健康、增加收入等方面的认知；还可以增强养殖户通过"干中学"对技术的掌握能力。

（2）经营特征对资源化利用技术采纳的影响

组织化程度变量对养殖户废弃物资源化利用技术采纳行为具有显著正向影响，且边际效应为 3.38%。这意味着，在其他条件不变的情况下，养殖户的组织化程度每提升 1 个等级，其采纳废弃物资源化利用技术的概率会提升 3.38%。可能的解释是，与没有加入合作组织的养殖户相比，加入合作组织的养殖户能够获得合作组织提供的产前、产中、产后的信息和技术服务，拓宽了养殖户的技术获取渠道。同时，合作组织为保证产品的质量，会制定一系列的养殖规范，会对养殖户的生产过程进行监督，从而促使养殖户采纳养殖废弃物资源化利用技术。

养猪收入在家庭总收入中占比变量对养殖户废弃物资源化利用技术采纳行为具有显著正向影响，且边际效应为2.38%。这意味着，在其他条件不变的情况下，养殖户的养猪收入在家庭总收入中占比水平每提升1个等级，其采纳废弃物资源化利用技术的概率会提升2.38%。可能的解释是，养猪收入在家庭总收入中占比越高，说明生猪养殖在家庭经济收入的地位越高。从长远利益考虑，养殖收入占比高的养殖户更加重视国家政策导向和良好的邻里关系，为避免受到政府的处罚和被邻居举报，养殖户会提高采纳废弃物资源化利用技术的概率。

家庭养猪劳动力比例对养殖户废弃物资源化利用技术采纳行为的影响未能通过显著性检验。可能的解释是，本书的样本养殖户家庭中养猪劳动力的比例在50%左右，样本间差异较小，导致该变量的作用不显著。

（3）心理认知特征对资源化利用技术采纳的影响

环境风险感知对养殖户废弃物资源化利用技术采纳行为具有显著正向影响，且边际效应为3.28%。这意味着，在其他条件不变的情况下，养殖户的环境风险感知水平每提升1个等级，其采纳废弃物资源化利用技术的概率会提升3.28%。可能的解释是，养殖户越认可废弃物给土壤、水体、空气等环境造成的破坏，对废弃物随意排放带来的环境风险感知就越强烈，越有可能采纳养殖废弃物资源化利用技术。

责任意识对养殖户废弃物资源化利用技术采纳行为具有显著正向影响，且边际效应为4.40%。这意味着，在其他条件不变的情况下，养殖户的责任意识水平每提升1个等级，其采纳废弃物资源化利用技术的概率会提升4.40%。实地调查的统计分析结果也显示，养殖户中责任意识非常小和较小的、一般、较大和非常大的，采纳废弃物资源化利用技术的占比分别是39.21%、79.76%、88.65%，即随着责任意识的增强，养殖户采纳废弃物资源化利用技术的占比逐渐增加。养殖户作为生猪生产的微观主体，其在养猪业环境治理中的责任主体意识越强，越能认识到自身在环境治理中的责任和义务，采纳养殖废弃物资源化利用技术的可能性越大。

7.4　环境规制政策对农户社会资本与
技术采纳行为关系的调节效应

本书检验环境规制政策对养殖户社会资本与资源化利用技术采纳行为
关系的调节效应的具体方法为：第一，借鉴张郁、江易华（2016）的做法
将约束型环境规制政策、激励型环境规制政策视为标准变量，分别以这两
类环境规制政策的平均值作为分组标准，将得分低于平均值的作为低值组、
将得分高于平均值的作为高值组。第二，在低值组和高值组中以养殖户社
会资本及其各维度作为自变量，以养殖户废弃物资源化利用技术采纳行为
作为因变量分别进行二元 Logistic 回归，并比较高值组和低值组系数的显著
性变化来考察调节变量的作用效果。估计结果如表 7-4 所示。

表 7-4　环境规制政策对养殖户社会资本与资源化利用
技术采纳行为影响的调节效应

变量	约束型环境规制				激励型环境规制			
	低值组		高值组		低值组		高值组	
	系数	标准误	系数	标准误	系数	标准误	系数	标准误
社会资本	0.342	0.271	0.632***	0.421	0.291	0.172	0.464***	0.912
受教育水平	0.114	0.135	0.463	0.313	0.149	0.644	0.483	0.323
村中职务	0.368	0.286	0.435	0.544	0.325	0.286	0.546	0.114
技术培训	0.213	0.423	0.327	0.335	0.254	0.298	0.378	0.247
组织化程度	0.617	0.377	0.138	0.786	0.806	0.062	0.622	0.296
养猪收入在家庭总收入中占比	0.124	0.453	0.259**	0.614	0.137	0.483	0.204**	0.633
家庭养猪劳动力比例	0.131	0.079	0.631	0.542	0.462	0.935	0.682	0.127
环境风险感知	0.318	0.424	0.743**	0.166	0.321	0.433	0.715**	0.204
责任意识	0.549	0.231	0.625*	0.348	0.187	0.306	0.196*	0.329

注：*、**和***分别表示在 10%、5%和 1%的水平上显著。

由表 7-4 和表 7-5 可知，在约束型环境规制政策中，社会资本在低于
均值组的回归不显著，而在高于均值组的回归显著且系数为正。这意味
着，约束型环境规制政策对社会资本与养殖户废弃物资源化利用技术采纳
行为关系中存在显著的正向调节效应。但约束型环境规制政策对社会资本

各维度与养殖户废弃物资源化利用技术采纳行为关系中的调节作用却存在差异。具体而言，社会网络在低于均值组的回归不显著，而在高于均值组的回归显著且系数为正。这意味着，约束型环境规制政策对社会网络与养殖户废弃物资源化利用技术采纳行为关系中存在显著的正向调节效应。社会规范在低于均值组的回归不显著，而在高于均值组的回归显著且系数为正。这意味着，约束型环境规制政策对社会规范与养殖户废弃物资源化利用技术采纳行为关系中存在显著的正向调节效应。而约束型环境规制政策对社会信任与养殖户废弃物资源化利用技术采纳行为关系中的调节效应却不显著。

表 7-5　环境规制政策对养殖户社会资本各维度与
资源化利用技术采纳行为影响的调节效应

变量	约束型环境规制				激励型环境规制			
	低值组		高值组		低值组		高值组	
	系数	标准误	系数	标准误	系数	标准误	系数	标准误
社会网络	0.123	0.022	0.353***	0.422	0.074	0.174	0.279***	0.912
社会信任	0.064	0.043	0.072	0.153	0.093	0.075	0.197**	0.014
社会规范	0.171	0.021	0.266***	0.234	0.156	0.282	0.061	0.413
受教育水平	0.136	0.175	0.461	0.313	0.127	0.676	0.495	0.326
村中职务	0.375	0.286	0.426	0.547	0.302	0.268	0.523	0.123
技术培训	0.223	0.147	0.312	0.260	0.254	0.297	0.375	0.249
组织化程度	0.607	0.372	0.125	0.787	0.829	0.079	0.633	0.296
养猪收入在家庭总收入中占比	0.128*	0.454	0.259**	0.615	0.131	0.485	0.204**	0.633
家庭养猪劳动力比例	0.149	0.075	0.613	0.551	0.424	0.953	0.691	0.126
环境风险感知	0.302	0.422	0.747**	0.164	0.335	0.432	0.727**	0.207
责任意识	0.524	0.241	0.619*	0.342	0.192*	0.312	0.203*	0.328

注：*、**和***分别表示在10%、5%和1%的水平上显著。

在激励型环境规制政策中，社会资本在低于均值组的回归不显著，而在高于均值组的回归显著且系数为正。这意味着，激励型环境规制政策对社会资本与养殖户废弃物资源化利用技术采纳行为关系中存在显著的正向调节效应。但激励型环境规制政策对社会资本各维度与养殖户废弃物资源化利用技术采纳行为关系中的调节作用却存在差异。具体而言，社会网络在低于均值组的回归不显著，而在高于均值组的回归显著且系数为正。这意味着，激励型环境规制政策对社会网络与养殖户废弃物资源化利用技术采纳行为关系中存在显著的正向调节效应。社会信任在低于均值组的回归不显著，而在高于均值组的回归显著且系数为正。这意味着，激励型环境规制政策对社会信任与养殖户废弃物资源化利用技术采纳行为关系中存在显著的正向调节效应。而激励型环境规制政策对社会规范与养殖户废弃物资源化利用技术采纳行为关系中的调节效应却不显著。

上述情况出现的主要原因是，近年来养殖废弃物对环境的污染日益严重，政府对此高度重视，出台了一系列的以监管和处罚为特征的约束型环境规制政策和以资金补贴为特征的激励型环境规制政策。对于社会网络水平高的养殖户而言，他们能够通过社会网络的信息共享机制获得更多关于监管、处罚、补贴的政策信息，为了避免受到国家的处罚或获得国家的补贴，养殖户会采纳养殖废弃物资源化利用技术。另外，随着约束型环境规制政策的宣传，对社会规范感知水平越高的养殖户，越害怕因随意处置废弃物遭到周围人的举报而被政府罚款，因此，其采纳养殖废弃物资源化利用技术的可能性也越大。而随着激励型环境规制政策的落实到位，社会信任水平越高的养殖户对政策和政府的信任水平越高，越会激发其采纳养殖废弃物资源化利用技术。

7.5　稳健性检验

为检验前文模型估计结果的稳健性，借鉴大多数学者的研究方法，本章采用替代变量重新测度社会网络、社会信任和社会规范，并进一步估计社会资本三个维度对养殖户废弃物资源化利用技术采纳行为的影响。其中，对社会网络采用"养殖户家庭拥有的亲友人数"来表征；对社会信任采用"一般来说，您觉得大多数人可信吗?"来表征，"非常不可信"—"非常可信"依次赋值1~5；对社会规范采用"不参加集体活动会受到村民的排挤"来表征，"完全不同意"—"完全同意"依次赋值1~5。结果见表7-6。可见，表7-6的回归结果与表7-3的回归结果基本一致，由此表明社会资本对养殖户废弃物资源化利用技术的采纳行为具有显著影响，且模型估计结果较为稳健。

表 7-6　模型稳健性检验

项目	模型 1		模型 2	
变量	系数	标准误	系数	标准误
社会资本	0.751***	0.463	—	—
社会网络	—	—	0.282***	0.273
社会信任	—	—	0.424***	0.218
社会规范	—	—	0.172***	0.167
受教育水平	0.191	0.132	0.157	0.194
村中职务	0.423*	0.295	0.432*	0.292
技术培训	0.314**	0.225	0.309**	0.207
组织化程度	0.285**	0.112	0.274**	0.326
养猪收入在家庭总收入中占比	0.237*	0.128	0.219*	0.151
家庭养猪劳动力比例	0.118	0.235	0.121	0.229
环境风险感知	0.392**	0.198	0.389**	0.201
责任意识	0.646***	0.243	0.641***	0.244
常数项	-4.352	0.631	-4.317	0.452
卡方	213.257	P = 0.000	235.628	P = 0.000
-2 倍对数似然值	458.965		436.574	
R²	0.612		0.653	
调整的 R²	0.678		0.701	
预测准确比率	0.693		0.712	

注：*、**和***分别表示在10%、5%和1%的水平上显著。

7.6　本章小结

本章利用养殖户调研数据，建立二元 Logistic 模型实证分析了社会资本及各维度对养殖户废弃物资源化利用技术采纳行为的影响，并引入环境规制政策作为调节变量，分析了环境规制政策对社会资本及各维度与养殖户废弃物资源化利用技术采纳关系的调节效应。主要研究结论如下：

第一，社会资本对养殖户废弃物资源化利用技术采纳行为具有显著正向影响，且边际效应为 10.31%。社会网络、社会信任、社会规范均对养殖户废弃物资源化利用技术采纳行为具有显著正向影响，但边际效应存在差异，对养殖户废弃物资源化利用技术采纳行为影响的边际效应由大到小依次是：社会网络（5.03%）、社会信任（3.24%）、社会规范（2.01%）。

第二，在控制变量中，村中职务、技术培训、组织化程度、养猪收入在家庭总收入比重、环境风险感知、责任意识这6个变量对养殖户废弃物资源化利用技术采纳行为具有显著正向影响，且边际效应由大到小依次是：村中职务、技术培训、责任意识、组织化程度、环境风险感知、养猪收入在家庭总收入中占比。受教育水平和家庭养猪劳动力比例这2个变量对养殖户废弃物资源化利用技术采纳行为不具有显著影响。

第三，约束型环境规制政策和激励型环境规制政策均对社会资本与养殖户废弃物资源化利用技术采纳行为关系具有一定的正向调节作用，但在社会资本各维度中的调节作用并不一致。具体而言，约束型环境规制政策对社会网络、社会规范与养殖户废弃物资源化利用技术采纳行为关系具有一定的正向调节作用；激励型环境规制政策对社会网络、社会信任与养殖户废弃物资源化利用技术采纳行为关系具有一定的正向调节作用。

第八章 社会资本对农户技术采纳绩效的影响

本书第五章到第七章分别从养殖户废弃物资源化利用技术采纳的不同阶段（技术认知、采纳意愿、采纳行为）分析了社会资本及细分维度（社会网络、社会信任、社会规范）对养殖户废弃物资源化利用技术采纳的影响作用。可以看出，社会资本对养殖户的技术认知、技术采纳意愿和技术采纳行为具有促进作用，但社会资本细分维度对养殖户的技术认知、技术采纳意愿和技术采纳行为的影响存在差异。本章在以上章节基础上，考察社会资本对养殖户废弃物资源化利用技术采纳绩效的影响。首先，将养殖废弃物资源化利用技术采纳绩效分为经济绩效、生态绩效、社会绩效三类，并阐释养殖户对这三类绩效的评价水平。其次，运用多元有序 Logistic 模型重点探析社会资本及各维度对养殖户废弃物资源化利用技术采纳的绩效的影响，为进一步提升养殖户废弃物资源化利用技术采纳绩效提供理论和现实依据。

8.1 理论分析与研究假设

养殖户在采纳废弃物资源化利用技术后，会对这一技术的实施效果进行评估。如果实际效果与预期一致或超过预期，养殖户会继续采纳这一技术。如果实际效果低于预期，养殖户会放弃采纳这一技术，转而寻找新的替代技术。因此，技术采纳长效机制的形成与技术采纳效果密不可分。那么，哪些因素会影响养殖户的技术采纳效果呢？探讨这一问题的相关文献较少。现有文献中，乔娟、张诩（2019）的研究结果表明，政府干预和养殖户的道德责任通过养殖废弃物治理行为正向影响养殖废弃物治理绩效且养殖户的道德责任对养殖废弃物治理绩效的促进作用高于政府干预。张诩等（2019）研究发现，技术水平、管理水平及规模化养殖对废弃物治理的经济绩效有很强的促进作用。宾幕容、文孔亮（2017）的研究结果表明，畜禽养殖废弃物利用技术采纳带来的经济绩效、社会绩效、生态绩效和技术绩效对农户满意度均具有显著正向影响。此外，在农业、工业等固体废弃物治理绩效的研究中，李鹏（2014）的研究结果显示，农业产业专业化程度、农户年龄、受教育程度、技术培训等因素对农业废弃物循环利用绩效具有显著影响。卢福财、胡平波（2015）研究发现，企业自身特征、政策支持、技术条件、环保法规等因素是影响工业废弃物循环利用绩效的关键因素。王嘉丽等（2017）对我国 57 家钢铁企业的研究表明，资金投入和排污费对钢铁企业废弃物循环利用绩效具有较强促进作用。

总体而言，对养殖废弃物资源化利用技术采纳绩效影响因素的研究较少，而探讨社会资本对养殖废弃物资源化利用技术采纳绩效影响的研究更为鲜见。那么，社会资本是否会对养殖户废弃物资源化利用技术采纳绩效产生影响？影响的方向和程度如何？这些问题尚缺乏深入的探讨。鉴于此，本章着重探讨社会资本对养殖废弃物资源化利用技术采纳绩效的影响机理，为提高养殖户废弃物资源化利用技术采纳绩效提供理论与现实依据。

8.1.1 养殖废弃物资源化利用技术采纳绩效的内涵

从字面意义来看，绩效指的是成绩和效果，它最早用于投资项目管理学，后来逐步被经济管理和人力管理领域所重视。随着研究的深入，绩效不仅具有数量意义，更包含质量意义；不仅含有定量指标，还涵盖定性指标。在借鉴乔娟（2019）、宾幕容、文孔亮（2017）等学者的研究基础上，考虑到技术采纳绩效的客观数据很难获得，加之养殖户作为技术的实施者对技术使用前后绩效的变化的感知评价也可以直观反映技术采纳的绩效。因此，本书所述养殖废弃物资源化利用技术采纳绩效是指养殖户通过采纳资源化利用技术对废弃物进行资源化利用过程中所获得的经济绩效、生态绩效和社会绩效的评价。

养殖废弃物资源化利用技术采纳的经济绩效是指养殖户采纳废弃物资源化利用技术获得的收益与其付出的人力、物力、财力之间的差额。其中，养殖户废弃物资源化利用技术采纳的收益主要包括因粪肥还田、沼气自用而节约的化肥、能源费用；出售粪肥、有机肥获得的收入；政府补贴收入；采纳养殖废弃物资源化利用技术后带来的产品产量增加和价格提升收入。养殖户废弃物资源化利用技术采纳支出主要包括化粪池、三级沉淀池、沼气池等设施的建造成本、养殖废弃物资源化利用的人员工资、设备运行与维护费用等。但是在实际调研中发现，养殖户对大部分养殖废弃物资源化利用技术采纳的收益和支出没有进行详细的记录，很难获得准确的数据。而养殖户通常将资源化利用技术采纳的经济绩效视为养殖成本的节约。因此，本书用养殖户对采纳资源化利用技术所带来成本节约和收入增加的感知程度来衡量技术采纳的经济绩效。

养殖废弃物资源化利用技术采纳的生态绩效是指养殖户采纳资源化利用技术所带来的生态环境的改善。养殖废弃物被认为是"放错位置的资源"，对养殖废弃物进行资源化利用，可以变废为宝、变害为利、变弃为用，还可以降低养殖废弃物对空气、水体、土壤的污染，起到改善生态环境的作用。但受专业限制，从生态学角度对养殖废弃物资源化利用的生态绩效进行详细测算非常困难。而养殖户作为技术的实施者对技术使用前后生态环境的变化的感知评价也可以直观反映技术采纳的生态绩效。因此，本书以养殖户采纳养殖废弃物资源化利用技术所带来的养殖场及周边环境改善的感知程度来衡量技术采纳的生态绩效。

养殖废弃物资源化利用技术采纳的社会绩效是指养殖户采纳资源化利用技术所带来的社会福利增加与社会关系和谐。随着农村经济的发展，农民逐渐由生存型向享受型过渡，对自然环境和社会发展问题也越来越关注。近年来由养殖废弃物随意排放导致的毗邻冲突等社会问题越来越多。养殖废弃物资源化利用可以有效减少因养殖污染问题带来的各种纠纷。因此，本书以养殖户对自身采纳废弃物资源化利用技术所带来的社会关系改善的感知程度来衡量技术采纳的社会绩效。

8.1.2　社会资本对技术采纳绩效的作用机理

虽然经济异质性是影响农户技术采纳绩效的重要因素，但是社会文化异质性可能是更为重要的因素。而社会文化异质性的关键表征正是社会资本。社会资本是存在于社会结构之中的社会主体间的紧密联系状态，它有助于信息的传递和合作的形成，进而提高社会效率和整体福利。就本书的主题而言，社会资本对养殖户废弃物资源化利用技术采纳绩效的影响主要涉及两个方面：一方面，养殖户与他人及各种社会组织的互动，会促进交流与合作，尤其是互惠、共享行为的发生，这有利于养殖户获取养殖废弃物资源化利用技术使用效果的信息；另一方面，养殖户与社会网络成员间的信任和良好的社会规范，能够保证互利的交流和合作持续发展，这有助于提升养殖户对废弃物资源化利用技术采用绩效的认可度。

然而，社会资本的不同维度对养殖户废弃物资源化利用技术采纳绩效的影响机制并不完全相同。其中，社会网络作为社会资本的重要维度，其对养殖户废弃物资源化利用技术采纳绩效的影响机制可以概括为两个方面。一方面，当新技术出现时，仅有少部分养殖户会率先采纳，而社会网络中亲朋好友的互动交流和信息共享是养殖户获取技术采纳绩效信息最重要和最可信的渠道。随着采用这一技术的养殖户增多，养殖户间的交流互动也变得频繁，这进一步增加了养殖户对技术信息的积累，此时养殖户对该技术绩效的认知也发生了变化，这在一定程度上提升了养殖户对这一技术采用绩效的评价水平。另一方面，社会网络是养殖户相互学习的重要平台，社会网络的拓展能有效促进养殖户之间的技术交流和相互学习，帮助他们解决技术采纳中遇到的问题，同时还能以较低的成本获得绩效较高的养殖废弃物资源化利用技术，从而提升养殖户对废弃物资源化利用技术采纳绩效的认可度。

社会信任是在一定地域范围内农户间通过长期交往所建立起来的彼此信任关系。这种信任关系不仅存在于有亲缘关系群体间，还延伸到其他没有亲缘关系的人群中，以及制度和规则中。因此，养殖户的社会信任不仅包括建立在人与人之间的人际信任，还包括建立在"非人际关系"基础上的制度信任。一方面，较高的人际信任水平能够使养殖户与他人的沟通更加顺畅，更愿意与他人分享采纳养殖废弃物资源化利用技术的心得，也更愿意依据他人的建议行事，通过互惠合作提高了技术采纳的绩效水平。另一方面，较高的制度信任能够促使养殖户与政府部门进行有效的交流与合作，在技术采纳过程中遇到问题也能得到及时解决，从而提升养殖户采纳废弃物资源化利用技术的绩效。

社会规范是一系列由非正式制裁或奖励予以保证执行的行为准则。一方面，描述性社会规范的存在使得养殖户在采纳废弃物资源化利用技术时会参照其他养殖户的典型做法，因为参照别人的做法往往是最安全的，这样可以消除养殖户对该技术采纳绩效的怀疑和风险预期。另一方面，命令性社会规范作为一种非正式制度，能够通过内部约束机制调整养殖户的行为并从中获得效益。遵守规范做周围人赞成的事能够使养殖户获得尊重与赞扬，同时遵守命令性规范是养殖户向其他人发出的合作意愿信号，通过合作养殖户能从中获得更多的效益。

基于以上分析，提出本章的研究假设：

假设8-1：社会资本总量对养殖户资源化利用技术采纳绩效具有显著正向影响。

假设8-2：社会网络对养殖户资源化利用技术采纳绩效具有显著正向

影响。

假设8-3：社会信任对养殖户资源化利用技术采纳绩效具有显著正向影响。

假设8-4：社会规范对养殖户资源化利用技术采纳绩效具有显著正向影响。

基于以上假设，本章的理论框架如下：

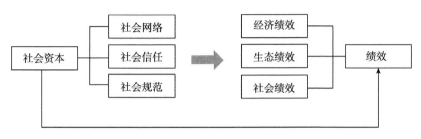

图8-1　本章理论框架

8.2　研究方法、数据来源与变量说明

8.2.1　研究方法

养殖户对废弃物资源化利用技术采纳绩效的评价是根据调查的问题与养殖户自身情况感知的相符程度进行主观判断，对绩效评价的结果可以划分为三个层次：比较低、一般、比较高。因此，本书所用因变量属于多元有序变量。分析离散选择问题比较适宜的估计方法为概率模型，即 Logistic、Probit 和 Tobit 模型。考虑到本书因变量的离散数值大于两类且有阶梯层次，而自变量中又包含较多的分类变量，因此采用多元有序 Logistic 模型更为适宜。设回归方程式为：

$$Y_i = a + \beta X_i + \mu_i \qquad (i=1, 2, \cdots, n) \qquad (8-1)$$

式（8-1）中，Y 为不可被直接观测的潜在因变量，即养殖户对养殖废弃物资源化利用技术采纳绩效评价层级；X 是影响绩效评价的因素；a 为常数项，β 为估计参数向量，μ 是随机误差项。Y_i 变量无法观察到，但它归属于 m 个序列组当中的某一类组。当 Y_i 属于第 j 类组时，则有：

$$a_{j-1} < Y_i < a_j \quad j=(1, 2, m) \qquad (8-2)$$

式（8-2）中，a 是一个常数的集合，$a1 = -\infty$，$am = +\infty$ 且 $a1 < \cdots < am$。

有序 Logistic 模型形式可表示为：

$$\ln\left[\frac{p(y \leq m)}{1 - p(y \leq m)}\right] = a + \sum_{i=1}^{n}\beta_i x_i \tag{8-3}$$

式（8-3）中，$P(y \leq m)$ 可以通过下式来估计：

$$p(y \leq m) = \frac{e(a + \sum_{i=1}^{n}\beta_i x_i)}{1 + e(a + \sum_{i=1}^{n}\beta_i x_i)} \tag{8-4}$$

通过式（8-4）估计出 $P(y \leq m)$ 后，则 Y_i 属于某一类组的概率可以表示为：

$$P(y = m) = P(y \leq m) - P(y \leq m-1) \tag{8-5}$$

式（8-5）中，$P(y = m)$ 表示合作社绩效变量为第 m 个序列类组的概率；$P(y \leq m)$ 表示技术采纳绩效变量属于第 m 个以及第 m 个以下序列类组的累计概率。

8.2.2 数据来源

本章所用微观数据主要通过问卷调查方式获得，调查时间为 2017 年 9 月至 11 月，调研地点为梨树县、农安县、德惠市、榆树市、公主岭市、九台市。因只有实际采纳养殖废弃物资源化利用技术的养殖户才能对该技术的实际效果进行合理的评价，为保证结论的可靠性，本章参与回归的样本数量为实际采纳养殖废弃物资源化利用技术的养殖户的数量，共计 432 户。具体描述性统计见本书第三章。

8.2.3 变量选择

8.2.3.1 因变量

根据前文的分析，养殖废弃物资源化利用技术采纳绩效包括经济绩效、生态绩效和社会绩效三类，分别以这三种绩效为因变量设置有多元有序 Logistic 模型。在因变量赋值方面，为避免单一问题带来的调查偏差，本书在借鉴乔娟（2019）、宾幕容（2017）、颜廷武（2016）等学者研究基础上，为经济绩效、生态绩效和社会绩效分别设计了三个问题，每个问题的选项分别赋值 0~4 分，然后将三个问题的得分进行加总，总分为 0~4 分说明养殖户对废弃物资源化利用技术采纳绩效评价"比较低"，赋值为 1；总分为 5~8 分说明养殖户对废弃物资源化利用技术采纳绩效评价"一般",赋值为 2;总分为 9~12 分说明养殖户对废弃物资源化利用技术采纳绩效评价"比较高",赋值为 3。

具体而言,在养殖废弃物资源化利用技术采纳经济绩效方面,本书设计了以下三个问题予以考察:"养殖废弃物资源化利用技术的实施对节约化肥成本和生活能源有帮助吗""养殖废弃物资源化利用技术的实施对降低养殖成本有帮助吗""养殖废弃物资源化利用技术的实施对增加收入有帮助吗"。对于上述任一问题,如果养殖户选择"作用很小"记 0 分,"作用较小"记 1 分,"一般"记 2 分,"作用较大"记 3 分,"作用很大"记 4 分,然后将养殖户对上述 3 道问题的得分进行加总,作为养殖户对采纳废弃物资源化利用技术获得经济绩效的评价程度,并赋值。

在养殖废弃物资源化利用技术生态绩效方面,本书设计了以下三个问题予以考察:"养殖废弃物资源化利用技术的实施对改善土壤肥力有帮助吗""养殖废弃物资源化利用技术的实施对降低生猪养殖对水体的污染有帮助吗""养殖废弃物资源化利用技术的实施对降低生猪养殖对空气的污染有帮助吗"。对于上述任一问题,如果养殖户选择"作用很小"记 0 分,"作用较小"记 1 分,"一般"记 2 分,"作用较大"记 3 分,"作用很大"记 4 分,然后将养殖户对上述 3 道问题的得分进行加总,作为养殖户对采纳废弃物资源化利用技术获得生态绩效的评价程度,并赋值。

在养殖废弃物资源化利用技术社会绩效方面,本书问卷设计了以下三个问题予以考察:"养殖废弃物资源化利用技术的实施对改善邻里关系有帮助吗""养殖废弃物资源化利用技术的实施对改善您与政府工作人员的关系有帮助吗""养殖废弃物资源化利用技术的实施对改善村容村貌有帮助吗"。对于上述任一问题,如果养殖户选择"作用很小"记 0 分,"作用较小"记 1 分,"一般"记 2 分,"作用较大"记 3 分,"作用很大"记 4 分,然后将养殖户对上述 3 道问题的得分进行加总,作为养殖户对采纳废弃物资源化利用技术获得社会绩效的认可程度,并赋值。

8.2.3.2　自变量

本章核心自变量为第四章养殖户社会资本及各维度的因子分析计算结果,此处不再赘述。同时,为了避免其他可能影响养殖户废弃物资源化利用技术采纳绩效的因素对模型结果造成的干扰,参照可持续生计框架的分类标准,借鉴王子侨等(2017)、颜廷武(2016)、李文欢(2022)的研究成果，在模型中加入人力资本、物质资本、自然资本、政策感知四类控制变量。其中人力资本包括养殖户性别、养殖年限、受教育年限、参加培训的频率四个变量；物质资本主要是养殖规模变量；自然资本主要指土地面积变量。政策感知包括环保法规认知、对政府工作的满意度。变量的含义及其描述性统计见表8-1。

表8-1 变量定义及描述性统计

变量		变量定义	均值	标准差
因变量				
经济绩效	加总得分	较低（0~4分）=1，一般（5~8分）=2，较高（9~12分）=3	1.90	0.65
生态绩效	加总得分	较低（0~4分）=1，一般（5~8分）=2，较高（9~12分）=3	2.13	0.80
社会绩效	加总得分	较低（0~4分）=1，一般（5~8分）=2，较高（9~12分）=3	2.24	0.78
控制变量				
人力资本	性别	受访养殖户性别：男=1，女=0	0.65	0.53
	养殖年限	受访养殖户实际养殖年限	12.23	1.43
	受教育年限	受访养殖户实际受教育年限	8.82	1.07
	参加培训的频率	参加养殖废弃物资源化利用技术培训频率：从未参加=1，较少参加=2，一般=3，较多参加=4，经常参加=5	2.05	0.63
物质资本	养殖规模（年出栏）	99头及以下=1，100~499头=2，500~999头=3，1000头及以上=4	2.68	1.12
自然资本	土地面积（亩）	受访家庭实际土地面积	23.14	1.04
政策感知	环保法规认知	是否了解当前的环保法规政策：完全不了解=1，不太了解=2，一般=3，比较了解=4，非常了解=5	2.87	0.88
	对政府工作的满意度	对当前政府关于养殖废弃物资源化利用技术的推广工作是否满意：非常不满意=1，不太满意=2，一般=3，比较满意=4，非常满意=5	2.79	0.95

资料来源：调研数据整理。

8.3　社会资本对农户技术采纳绩效影响的实证分析

8.3.1　养殖户对资源化利用技术采纳绩效认可程度

表 8-2 显示了养殖户对资源化利用技术采纳绩效认可程度。从经济绩效来看，认为养殖废弃物资源化利用技术采纳获得的经济绩效"比较高"（分数≥9 分）的受访养殖户共有 71 位，比例仅为 16.43%；认为"一般"（分数为 5~8 分）的受访养殖户共有 247 位，占比 57.18%；认为"比较低"（分数≤4 分）的受访养殖户有 114 位，占比 26.39%。从社会绩效来看，认为养殖废弃物资源化利用技术采纳获得的社会绩效"比较高"（分数≥9 分）的受访养殖户共有 200 位，比例为 46.29%；认为"一般"（分数为 5~8 分）的受访养殖户共有 134 位，占比 31.02%；认为"比较低"（分数≤4 分）的受访养殖户有 98 位，占比 22.69%。从生态绩效来看，认为养殖废弃物资源化利用技术采纳获得的生态绩效"比较高"（分数≥9 分）的受访养殖户共有 164 位，比例为 37.97%；认为"一般"（分数为 5~8 分）的受访养殖户共有 162 位，占比 37.50%；认为"比较低"（分数≤4 分）的受访养殖户有 106 位，占比 24.53%。由此可见，养殖户对采纳废弃物资源化利用技术获得绩效的认可度由高到低依次是社会绩效、生态绩效、经济绩效。但总体而言，养殖户对这三种绩效的认可度并不高。

表 8-2　养殖户对废弃物资源化利用技术采纳绩效的认可程度　　单位：人，%

分数	经济绩效		社会绩效		生态绩效	
	人数	占比	人数	占比	人数	占比
0	11	2.55	27	6.25	18	4.17
1	6	1.39	11	2.55	10	2.31
2	26	6.02	10	2.31	21	4.86
3	34	7.87	17	3.94	23	5.32
4	37	8.56	33	7.64	34	7.87
5	48	11.11	22	5.09	29	6.71
6	78	18.06	32	7.41	48	11.11
7	77	17.82	51	11.81	44	10.19
8	44	10.19	29	6.71	41	9.49

续表

分数	经济绩效		社会绩效		生态绩效	
	人数	占比	人数	占比	人数	占比
9	32	7.41	89	20.6	77	17.82
10	19	4.40	36	8.33	30	6.95
11	13	3.00	33	7.64	27	6.25
12	7	1.62	42	9.72	30	6.95
合计	432	100	432	100	432	100

资料来源：调研数据整理。

8.3.2 模型回归结果分析

运用 SPSS23.0 软件进行多元有序 Logistic 模型重点考察社会资本及细分维度对养殖废弃物资源化利用技术采纳绩效的影响。为了保证回归结果的有效性，在模型回归之前，对模型的自变量进行多重共线性检验。利用 SPSS23.0 软件，选取方差膨胀因子（VIF）来检验变量间的共线性。通常，当 VIF>3 时，可认为各解释变量之间存在一定程度的共线性；当 VIF>10 时，可认为各解释变量之间存在高度共线性（何可，2015）。由 8-3 表可知，方差膨胀因子（VIF）均小于 2，说明自变量之间不存在共线性问题。

表 8-3 自变量的多重共线性检验

自变量	容差	方差膨胀因子（VIF）
社会网络	0.76	1.32
社会信任	0.64	1.57
社会规范	0.71	1.41
性别	0.62	1.62
养殖年限	0.63	1.59
受教育年限	0.56	1.78
参加培训的频率	0.81	1.23
养殖规模	0.58	1.73
土地面积	0.68	1.46
环保法规认知	0.63	1.59
对政府工作的满意度	0.61	1.63

资料来源：SPSS 软件分析结果整理。

　　为清楚地分析社会资本及细分维度对养殖废弃物资源化利用技术采纳绩效的影响，本章采用模型对比的方法。模型8-1、模型8-4、模型8-7主要考察人力资本、自然资本、物质资本、政策感知四类控制变量对经济绩效、生态绩效、社会绩效的影响；模型8-2、模型8-5、模型8-8在模型8-1、模型8-4、模型8-7的基础上加入社会资本总量变量；模型8-3、模型8-6、模型8-9在模型8-1、模型8-4、模型8-7的基础上加入社会资本的三个维度（社会网络、社会信任、社会规范）。回归结果见表8-4、表8-5、表8-6。

　　从表8-4、表8-5、表8-6可以看出，相较于模型8-1、模型8-4、模型8-7，模型8-2、模型8-3、模型8-5、模型8-6、模型8-8、模型8-9的-2Loglikelihood值有所下降。卡方检验值有所提升，并通过了显著性检验，由此可认为社会资本及细分维度在模型中起到了重要作用，故对社会资本与经济绩效关系的分析主要基于模型8-2、模型8-3；对社会资本与生态绩效关系的分析主要基于模型8-5、模型8-6；对社会资本与社会绩效关系的分析主要基于模型8-8、模型8-9。

　　（1）由表8-4中模型8-2可知，社会资本总量在1%的水平上显著，且系数为正，说明社会资本总量的增加有助于提升养殖户采纳废弃物资源化利用技术的经济绩效。由表8-5中模型8-5可知，社会资本总量在1%的水平上显著，且系数为正，说明社会资本总量的增加有助于提升养殖户采纳废弃物资源化利用技术的生态绩效。由表8-6中模型8-8可知，社会资本总量在1%的水平上显著，且系数为正，说明社会资本总量的增加有助于提升养殖户采纳废弃物资源化利用技术的社会绩效。但是，社会资本不同维度对养殖户采纳废弃物资源化利用技术获得的经济绩效、生态绩效和社会绩效的影响具有差异。

　　如表8-4中模型8-3所示，社会网络在1%的水平上显著，并且系数为正，说明社会网络水平的提高可以显著提升养殖户采纳废弃物资源化利用技术的经济绩效。如表8-5中模型8-6所示，社会网络在1%的水平上显著，并且系数为正，说明社会网络水平的提高可以显著提升养殖户采纳废弃物资源化利用技术生态绩效。如表8-6中模型8-9所示，社会网络在1%的水平上显著，并且系数为正，说明社会网络水平的提高可以显著提升养殖户采纳废弃物资源化利用技术社会绩效。可能的解释是，在以地缘、亲缘、血缘为基础的农村社区中，人们的日常生活和生产行为都在社会网络中进行。社会网络中的成员以"讲责任""讲人情""讲利害"为原则维持着社会关系的运转。社会网络可以为养殖户提供技术信息、政策信息、价值观支持、资金支持、情感陪伴等，可以使养殖户以较低的成本掌握那些经济绩效、生态绩效、社会绩效更高的养殖废弃物资源化利用技术，并且在技术使用过程中遇到的问题也能得到快速的解决。因此，社会网络水平的提高有利于提升养殖户采纳养殖废弃物资源化利用技术的绩效。

如表8-4中模型8-3所示，社会信任在1%的水平上显著，并且系数为正，说明社会信任水平的提高可以显著提升养殖户采纳废弃物资源化利用技术的经济绩效。如表8-5中模型8-6所示，社会信任在5%的水平上显著，并且系数为正，说明社会信任水平的提高可以显著提升养殖户采纳废弃物资源化利用技术的生态绩效。如表8-6中模型8-9所示，社会信任在1%的水平上显著，并且系数为正，说明社会信任水平的提高可以显著提升养殖户采纳废弃物资源化利用技术的社会绩效。可能的解释是，一方面，养殖户与亲朋好友、村干部、技术推广人员等的高频率互动提高了彼此间的信任水平，缓解了信息不对称带来的矛盾和冲突。另一方面，养殖户之间在采纳养殖废弃物资源化利用技术方面有着共同的诉求，都希望能获得更高的绩效，因此，社会信任水平的提高会促进养殖户之间的合作，通过合作共同寻找实现绩效最大化的方法，从而提高技术采纳绩效。

如表8-4中模型8-3所示，社会规范没有通过显著性检验，说明社会规范水平不能显著影响养殖废弃物资源化利用技术采纳的经济绩效。如表8-5中模型8-6所示，社会规范在1%的水平上显著，并且系数为正，说明社会规范水平的提高可以显著提升养殖户采纳废弃物资源化利用技术的生态绩效。如表8-6中模型8-9所示，社会规范在5%的水平上显著，并且系数为正，说明社会规范水平的提高可以显著提升养殖户采纳废弃物资源化利用技术的社会绩效。可能的解释是，社会规范感知度较高的养殖户，更容易感知到周围人对自己行为的期望，更在意他人对自己的评价，为了与邻居、村干部等保持良好的关系，养殖户会按照周围人的期望行事，或者参照周围大多数人的做法而行事，由此获得周围人的赞扬与重视，这会提高养殖户对采纳养殖废弃物资源化利用技术所带来的生态绩效和社会绩效的评价。

表8-4　社会资本对养殖户废弃物资源化利用技术采纳经济绩效影响

变量名称		模型8-1		模型8-2		模型8-3	
		B	S. E.	B	S. E.	B	S. E.
社会资本	社会资本	—	—	0. 325***	0. 271	—	—
	社会网络	—	—	—	—	0. 183***	0. 043
	社会信任	—	—	—	—	0. 246***	0. 086
	社会规范	—	—	—	—	0. 072	0. 148
人力资本	性别	-0. 052	0. 081	-0. 066	0. 082	-0. 044	0. 093
	养殖年限	0. 022***	0. 012	0. 034***	0. 021	0. 027***	0. 011
	受教育年限	0. 294	0. 341	0. 251	0. 355	0. 252	0. 342
	参加培训的频率（以"经常参加"为参照）						
	从未参加	0. 091***	0. 115	0. 083***	0. 121	0. 082***	0. 119
	较少参加	0. 212***	0. 114	0. 282***	0. 123	0. 279***	0. 120
	一般	0. 324***	0. 115	0. 515***	0. 114	0. 509***	0. 116
	较多参加	0. 543***	0. 120	0. 694***	0. 122	0. 685***	0. 124
物质资本	养殖规模（以"大规模"为参照）						
	散养	1. 135	0. 784	1. 116	0. 776	1. 109	0. 863
	小规模	1. 312	0. 866	1. 297	0. 892	1. 294	0. 901
	中规模	1. 716	0. 745	1. 711	0. 752	1. 706	0. 762
自然资本	土地面积	0. 112*	0. 227	0. 108*	0. 201	0. 107*	0. 216
政策感知	环保法规认知（以"非常了解"为参照）						
	完全不了解	0. 684	0. 163	0. 591	0. 189	0. 526	0. 201
	不太了解	1. 058	0. 204	1. 026	0. 223	0. 994	0. 235
	一般	1. 422	0. 210	1. 274	0. 245	1. 023	0. 261
	比较了解	1. 846	0. 321	1. 663	0. 291	1. 206	0. 287
	对政府工作的满意度（以"非常满意"为参照）						
	非常不满意	0. 047	0. 007	0. 032	0. 007	0. 031	0. 008
	不太满意	0. 076	0. 011	0. 056	0. 012	0. 042	0. 011
	一般	0. 121	0. 015	0. 107	0. 014	0. 075	0. 015
	比较满意	0. 175	0. 021	0. 148	0. 022	0. 117	0. 022
-2Loglikelihood		676. 23		656. 41		645. 71	
卡方检验		158. 02***		172. 24***		180. 33***	

注：***、*分别表示在1%、10%的水平上显著。

（2）由表8-4、表8-5和表8-6可知，人力资本中，养殖年限会显著正向影响养殖废弃物资源化利用技术采纳的经济绩效、生态绩效和社会绩效。主要原因是，养殖时间越长，越能利用丰富的养殖经验从养殖废弃物资源化利用中获得经济绩效。同时，养殖的时间越长，对生猪养殖造成的环境污染和人际冲突的感知越深刻，越能体会到养殖废弃物资源化利用带来的生态绩效和社会绩效。受教育年限会显著正向影响养殖废弃物资源化利用技术采纳的生态绩效，而不会显著影响养殖废弃物资源化利用技术采纳的经济绩效和社会绩效。可能原因是，受教育年限长的养殖户，更能清楚地认知到养猪给环境带来的破坏，由此更加理解养殖废弃物资源化利用在减少生猪养殖环境污染方面的作用。在参加培训的频率方面，相较于"经常参加培训"的养殖户而言，随着参加培训频率的降低，经济绩效、生态绩效、社会绩效等级上升的风险越来越低，也就是说，参加培训频率越高的养殖户，采纳养殖废弃物资源化利用技术获得的绩效水平越高。这主要是因为，通过参加培训，养殖户能够获得更多的相关信息，对养殖废弃物资源化利用技术的操作更熟练，从而获得的绩效水平更高。

表8-5　社会资本对养殖户废弃物资源化利用技术采纳生态绩效影响

变量名称		模型8-4		模型8-5		模型8-6	
		B	S.E.	B	S.E.	B	S.E.
社会资本	社会资本	—	—	0.412***	0.254	—	—
	社会网络	—	—	—	—	0.211***	0.151
	社会信任	—	—	—	—	0.139**	0.076
	社会规范	—	—	—	—	0.094***	0.042
人力资本	性别	−0.067	0.092	−0.071	0.095	−0.070	0.095
	养殖年限	0.031*	0.020	0.029*	0.027	0.026*	0.027
	受教育年限	0.405***	0.273	0.374***	0.201	0.370***	0.201
	参加培训的频率（以"经常参加"为参照）						
	从未参加	0.320***	0.095	0.304***	0.094	0.303***	0.094
	较少参加	0.421***	0.106	0.405***	0.108	0.403***	0.108
	一般	0.607***	0.119	0.593***	0.117	0.594***	0.116
	较多参加	0.712***	0.104	0.708***	0.105	0.710***	0.105

续表

变量名称		模型 8-4		模型 8-5		模型 8-6	
		B	S. E.	B	S. E.	B	S. E.
物质资本	养殖规模（以"大规模"为参照）						
	散养	0.216**	0.168	0.118**	0.058	0.117**	0.057
	小规模	0.579**	0.255	0.402**	0.321	0.403**	0.322
	中规模	0.713**	0.174	0.635**	0.129	0.634**	0.128
自然资本	土地面积	0.049*	0.023	0.032*	0.198	0.031*	0.197
政策感知	环保法规认知（以"非常了解"为参照）						
	完全不了解	0.061***	0.038	0.042***	0.047	0.041***	0.047
	不太了解	0.102***	0.059	0.074***	0.062	0.074***	0.062
	一般	0.128***	0.102	0.107***	0.091	0.108***	0.092
	比较了解	0.164***	0.174	0.148***	0.208	0.149***	0.208
	对政府工作的满意度（以"非常满意"为参照）						
	非常不满意	0.511***	0.527	0.472***	0.423	0.475***	0.427
	不太满意	0.803***	0.479	0.641***	0.367	0.642***	0.366
	一般	1.232***	0.711	0.948***	0.658	0.947***	0.657
	比较满意	1.637***	0.593	1.453***	0.506	1.452***	0.507
-2Loglikelihood		557.464		534.551		503.645	
卡方检验		79.342***		102.354***		121.712***	

注：***、** 和 * 分别表示在 1%、5% 和 10% 的水平上显著。

（3）由表8-4、表8-5和表8-6可知，物质资本中，相较于大规模养殖户，随着养殖规模的下降，养殖户对废弃物资源化利用技术采纳的生态绩效和社会绩效评价等级上升的风险越来越低，换言之，养殖规模越大，养殖户采纳废弃物资源化利用技术获得的生态绩效和社会绩效越高。这主要是因为，养殖规模越大，养殖废弃物产生量越大，对环境的污染程度越高，越容易发生邻里冲突，也更容易与村干部等政府代表产生矛盾。因此，养殖规模越大，对采纳废弃物资源化利用技术所带来的生态环境的改善和社会关系的缓和的感知越深刻，对技术采纳带来的生态绩效和社会绩效的认可程度就越高。而经济绩效的获得还要考虑付出的成本和相关收益情况，养殖规模的大小与技术采纳的经济绩效并无直接显著关系。

表8-6　社会资本对养殖户废弃物资源化利用技术采纳社会绩效影响

变量名称		模型8-7		模型8-8		模型8-9	
		B	S. E.	B	S. E.	B	S. E.
社会资本	社会资本	—	—	0.295***	0.064	—	—
	社会网络	—	—	—	—	0.124***	0.086
	社会信任	—	—	—	—	0.106***	0.094
	社会规范	—	—	—	—	0.083**	0.142
人力资本	性别	0.022	0.056	0.018	0.062	0.018	0.0620
	养殖年限	0.087**	0.931	0.076**	0.384	0.076**	0.384
	受教育年限	0.121	0.077	0.098	0.067	0.097	0.067
	参加培训的频率（以"经常参加"为参照）						
	从未参加	0.219***	0.098	0.206***	0.094	0.207***	0.094
	较少参加	0.388***	0.063	0.347***	0.041	0.347***	0.041
	一般	0.521***	0.138	0.479***	0.102	0.478***	0.102
	较多参加	0.665***	0.207	0.652***	0.242	0.653***	0.242
物质资本	养殖规模（以"大规模"为参照）						
	散养	0.322***	0.255	0.299***	0.998	0.298***	0.998
	小规模	0.543***	0.261	0.459***	0.146	0.459***	0.146
	中规模	0.664***	0.182	0.552***	0.153	0.552***	0.125
自然资本	土地面积	0.012**	0.338	0.009**	0.405	0.008**	0.405
政策感知	环保法规认知（以"非常了解"为参照）						
	完全不了解	0.223***	0.945	0.205***	0.125	0.205***	0.125
	不太了解	0.405***	0.146	0.381***	0.128	0.380***	0.128
	一般	0.576***	0.261	0.509***	0.297	0.509***	0.297
	比较了解	0.712***	0.218	0.640***	0.265	0.641***	0.265
	对政府工作的满意度（以"非常满意"为参照）						
	非常不满意	0.182***	0.145	0.165***	0.106	0.165***	0.106
	不太满意	0.321***	0.157	0.255***	0.139	0.254***	0.138
	一般	0.466***	0.198	0.402***	0.187	0.401***	0.188
	比较满意	0.611***	0.201	0.549***	0.196	0.549***	0.196
-2Loglikelihood		877.231		796.502		772.457	
卡方检验		89.445***		114.211***		125.792***	

注：***、**分别表示在1%、5%的水平上显著。

（4）由表8-4、表8-5和表8-6可知，自然资本中，土地面积会显著正向影响养殖户对养殖废弃物资源化利用技术采纳的经济绩效、生态绩效和社会绩效的评价。也就是说，养殖户拥有的土地面积越大，对采纳养殖废弃物资源化利用技术带来的经济绩效、生态绩效和社会绩效的认可度越高。可能原因是，土地是消纳养殖废弃物的主要场所，土地面积越大，可以还田利用的废弃物越多、节省的化肥费用越大、由随意丢弃养殖废弃物而带来的民事冲突越少，从而，养殖户对废弃物资源化利用所带来的经济绩效、生态绩效和社会绩效的评价越高。

（5）由表8-4、表8-5和表8-6可知，政策感知中，在环保法规认知方面，相较于对环保法规非常了解的养殖户，随着环保法规认知程度的降低，养殖户对废弃物资源化利用技术采纳的生态绩效和社会绩效评价等级上升的风险越来越低。换言之，对环保法规认知程度越高，养殖户对废弃物资源化利用技术采纳的生态绩效和社会绩效的认可度越高。这主要是因为，对环保法规了解程度越高的养殖户，越了解养殖废弃物的随意处置所带来的生态和社会危害，由此，对养殖废弃物资源化利用所带来的生态绩效和社会绩效的评价越高。但环保法规认知对技术采纳经济绩效不存在显著影响。在对政府工作的满意度方面，相较于对政府技术推广工作非常满意的养殖户，随着对政府工作满意度的降低，养殖户对废弃物资源化利用技术采纳的生态绩效和社会绩效评价等级上升的风险越来越低，换言之，对政府工作满意度越高，养殖户对废弃物资源化利用技术采纳的生态绩效和社会绩效的认可度越高。这主要是因为，对政府工作满意度高，意味着政府对养殖废弃物资源化利用技术推广工作做得比较到位，养殖户在采纳废弃物资源化利用技术过程中存在的问题也能够得到及时解决，还能够避免因信息不对称导致的与政府工作人员的矛盾与冲突。因此，养殖户对采纳该技术所带来的生态绩效和社会绩效的评价会较高。但政府工作的满意度对技术采纳经济绩效不具有显著影响。

8.4　稳健性检验

为检验前文模型估计结果的稳健性，借鉴多数学者的研究方法，本章采用替代变量重新测度社会网络、社会信任和社会规范，并进一步估计社会资本三个维度对养殖户废弃物资源化利用技术采纳绩效的影响。其中，对社会网络采用"养殖户家庭拥有的亲友人数"来表征；对社会信任采用"一般来说，您觉得大多数人可信吗?"来表征，"非常不可信"——"非常可信"依次赋值1~5；对社会规范采用"不参加集体活动会受到村民的排挤"来表征，"完全不同意"——"完全同意"依次赋值1~5。结果见表8-7。可见，表8-7的回归结果与表8-4、表8-5和表8-6的回归结果基本一致，由此表明，社会资本对养殖户废弃物资源化利用技术的采纳绩效具有显著影响，且模型估计结果较为稳健。

表8-7　模型稳健性检验

变量名称		经济绩效		生态绩效		社会绩效	
		B	S. E.	B	S. E.	B	S. E.
社会资本	社会网络	0.277***	0.053	0.204***	0.148	0.209***	0.088
	社会信任	0.123***	0.066	0.145***	0.081	0.135***	0.086
	社会规范	0.065	0.137	0.073***	0.034	0.079***	0.130
人力资本	性别	-0.062	0.093	-0.081	0.096	0.021	0.063
	养殖年限	0.034***	0.012	0.030*	0.024	0.089**	0.390
	受教育年限	0.308	0.340	0.264***	0.211	0.182	0.051
	参加培训的频率（以"经常参加"为参照）						
	从未参加	0.126***	0.119	0.219***	0.011	0.119***	0.096
	较少参加	0.282***	0.122	0.310***	0.122	0.252***	0.068
	一般	0.486***	0.114	0.489***	0.123	0.385***	0.107
	较多参加	0.590***	0.120	0.624***	0.112	0.449***	0.256
物质资本	养殖规模（以"大规模"为参照）						
	散养	1.243	0.869	0.121**	0.072	0.178***	0.994
	小规模	1.487	0.905	0.312**	0.364	0.367***	0.153
	中规模	1.610	0.773	0.528**	0.131	0.649***	0.131
政策感知	环保法规认知（以"非常了解"为参照）						
	完全不了解	0.531	0.216	0.038***	0.052	0.112***	0.146
	不太了解	0.987	0.242	0.069***	0.070	0.273***	0.111
	一般	1.030	0.249	0.116***	0.085	0.401***	0.324
	比较了解	1.202	0.281	0.154***	0.201	0.727***	0.269
	对政府工作的满意度（以"非常满意"为参照）						

续表

变量名称		经济绩效		生态绩效		社会绩效	
		B	S. E.	B	S. E.	B	S. E.
政策感知	非常不满意	0.035	0.010	0.369***	0.441	0.272***	0.139
	不太满意	0.039	0.015	0.548***	0.370	0.349***	0.141
	一般	0.071	0.020	0.848***	0.642	0.508***	0.193
	比较满意	0.112	0.023	1.346***	0.516	0.661***	0.179
-2Loglikelihood		619.354	497.815	736.281	—	—	—
卡方检验		185.463***	127.529***	131.825***	—	—	—

注：＊＊＊、＊＊和＊分别表示在1%、5%和10%的水平上显著。

8.5　本章小结

本章在微观数据基础上，运用多元有序 Logistic 模型，从经济绩效、生态绩效、社会绩效三方面估计了社会资本及细分维度对养殖户废弃物资源化利用技术采纳绩效的影响，得到的主要结论如下：

（1）养殖户对废弃物资源化利用技术采纳的三种绩效的评价存在差异。对经济绩效、生态绩效、社会绩效的评价均值分别是 1.90、2.13、2.24，由高到低进行排序依次是社会绩效、生态绩效、经济绩效。可见，养殖户对养殖废弃物资源化利用技术采纳的社会绩效认可度最高，对经济绩效的认可度最低。但总体来看，养殖户对这三种绩效的认可度都不高。

（2）社会资本对养殖户废弃物资源化利用技术采纳绩效的提升具有显著促进作用，但社会资本不同维度对技术采纳的经济绩效、生态绩效、社会绩效的影响具有一定差异。具体而言，社会网络和社会信任对养殖废弃物资源化利用技术采纳经济绩效、生态绩效、社会绩效的提升均具有促进作用；社会规范对养殖废弃物资源化利用技术采纳生态绩效、社会绩效的提升具有促进作用，但对技术采纳经济绩效的提升没有显著促进作用。

（3）控制变量对养殖户废弃物资源化利用技术采纳的经济绩效、生态绩效、社会绩效的影响具有差异。在人力资本变量中，养殖年限、参加培训的频率对养殖户废弃物资源化利用技术采纳的经济绩效、生态绩效、社会绩效均具有显著正向影响。受教育年限仅对技术采纳的生态绩效具有显著正向影响。在物质资本变量中，养殖规模对养殖户废弃物资源化利用技术采纳的生态绩效、社会绩效具有显著正向影响，但对技术采纳的经济绩效没有显著影响。在自然资本变量中，土地面积对养殖户废弃物资源化利用技术采纳的经济绩效、生态绩效、社会绩效均具有显著正向影响。在政策感知变量中，环保法规认知、对政府工作满意度对养殖户废弃物资源化利用技术采纳的生态绩效和社会绩效具有显著正向影响，但对技术采纳的经济绩效没有显著影响。

第九章　研究结论与政策建议

9.1　研究结论

本书依据社会资本理论、农户技术采用理论、农业技术推广理论的指导，在系统地梳理国内外相关文献的基础上，基于吉林省615户生猪养殖户的实地调研数据，引入社会资本这个关键因子，在阐述养殖户废弃物资源化利用技术采纳现状及阻碍、测度社会资本指数基础上，运用多种计量模型及方法，分析社会资本对养殖户废弃物资源化利用技术认知、技术采纳意愿、技术采纳行为、技术采纳绩效的作用机理及影响。主要研究结论总结如下：

9.1.1　我国养殖废弃物资源化利用潜力巨大

以我国典型的畜禽——生猪为例，分析发现生猪养殖业快速规模化的发展直接导致生猪养殖废弃物（主要为粪尿）排放量的大幅增长。本书利用排污系数法估算出2000—2017年我国生猪粪尿总量从49971.16万吨增长到66600.73万吨，7年间增长了33.28%。畜禽粪尿中含有大量营养物质，通过计算得出2017年全国生猪粪尿中氮、磷、钾的含量分别是2128710.20吨、736377.91吨、1417464.64吨，养分总含量为4282552.75吨。这些养分若能得到还田利用则可以减少大量化肥的使用，通过计算得到2017年全国生猪粪尿氮养分可利用量、磷养分可利用量、钾养分可利用量对氮肥、磷肥、钾肥的替代率分别达到2.40%、7.85%、11.37%。2017年全国生猪粪尿若用来生产沼气，则可产沼气103.84亿立方米。可见，我国生猪养殖废弃物资源化利用潜力巨大。

9.1.2　养殖户资源化利用技术采纳现状

（1）养殖户对随意排放养殖废弃物的危害认知较低。52.69%和51.54%的养殖户能够认识到养殖废弃物随意排放给空气、水体造成的污染，但是只有28.46%、21.46%的养殖户能够认识到随意排放养殖废弃物给土壤和人类健康带来的危害。养殖户对废弃物资源化利用技术的经济价值认知较低，对生态价值和社会价值认知较高。了解养殖废弃物资源化利用技术政策的养殖户较少，实际享受到优惠政策的养殖户更少。养殖户获得废弃物资源化利用技术信息的渠道主要是"其他养殖户""邻居""村干部""农技人员"。

（2）养殖户废弃物资源化利用技术采纳意愿有待提高。74%的养殖户愿意采纳养殖废弃物资源化利用技术；75%的养殖户愿意持续关注养殖废弃物资源化利用技术；67%的养殖户愿意将养殖废弃物资源化利用技术推荐给他人。

（3）养殖户废弃物资源化利用技术采纳率有待提高。在615户被访养殖户中，仅70.08%的养殖户采纳了养殖废弃物资源化利用技术。养殖废弃物肥料化利用技术是当前吉林省生猪养殖户采纳的主要资源化利用技术类型。养殖户丢弃废弃物的原因主要是技术原因和经济原因。

（4）养殖户对废弃物资源化利用技术采纳绩效的评价不高，且存在差异。50%左右的养殖户对采纳废弃物资源化利用技术获得的生态绩效持肯定态度。六成左右的养殖户对废弃物资源化利用技术在社会绩效方面持肯定态度。而养殖户对废弃物资源化利用技术在经济绩效方面的评价不高。

（5）在养殖户对废弃物资源化利用技术采纳过程中，存在养殖户认知不足、政府对养殖废弃物资源化利用技术采纳的支持力度不足、市场对养殖废弃物资源化利用技术采纳的推动力度不足等阻碍。

9.1.3 养殖户社会资本各维度特征存在差异

（1）在社会网络各表征指标中，与养殖户交往频率按均值从大到小排序是：亲戚、邻居、朋友、同村其他养殖户、村干部、养殖技术推广人员。在社会信任各表征指标中，按养殖户信任程度的均值从大到小排序是：亲戚、友邻、同村其他养殖户、村委会、养殖技术推广部门、环保政策。在社会规范各表征指标中，养殖户所感受到的社会压力按均值大小排序是：村干部、亲友、同村其他养殖户。

（2）在对比分析已采纳资源化利用技术的养殖户和未采纳该技术的养殖户的社会网络、社会信任、社会规范状况时发现，未采用该技术养殖户的社会网络、社会信任、社会规范各指标均值均低于技术采用户。

9.1.4　社会资本对养殖户资源化利用技术采纳各阶段均具有显著促进作用，但社会资本各维度对技术采纳各阶段的影响存在差异

（1）社会资本对养殖户废弃物资源化利用技术认知深度和广度的提升具有显著促进作用，但社会资本不同维度对技术认知深度和广度的影响具有一定差异。具体而言，社会网络和社会信任对养殖户资源化利用技术认知广度和深度的提升均具有促进作用；社会规范对养殖户资源化利用技术认知深度的提升具有促进作用，但对技术认知广度的提升没有显著促进作用。

（2）社会资本各维度不仅对养殖户资源化利用技术采纳意愿具有直接正向影响，还能通过技术感知（技术有用性感知、技术易用性感知）对养殖户技术采纳意愿产生间接正向影响。从总效应来看，对养殖户资源化利用技术采纳意愿影响最大的是社会网络，其次为社会信任，而社会规范的正面促进作用最小。从直接效应来看，对养殖户资源化利用技术采纳意愿影响程度从大到小依次是社会网络、社会信任、社会规范。从间接效应来看，社会网络、社会信任、社会规范通过技术有用性感知的间接影响均大于通过技术易用性感知的影响。

同时，多群组分析结果显示，养殖规模、受教育年限2个变量在部分路径中存在影响差异。具体而言，社会网络、社会规范对大规模养殖户技术采纳意愿影响较大；而社会信任对低文化水平养殖户技术采纳意愿的影响较大。

（3）社会资本对养殖户资源化利用技术采纳行为具有显著正向影响，且边际效应为10.31%。从社会资本各维度来看，社会网络、社会信任、社会规范均对养殖户资源化利用技术采纳行为具有显著正向影响，但边际效应存在差异，其边际效应由大到小依次是社会网络、社会信任、社会规范。

同时，约束型环境规制政策和激励型环境规制政策均对社会资本与养殖户资源化利用技术采纳行为关系具有一定的正向调节作用，但在社会资本各维度中的调节作用并不一致。具体而言，约束型环境规制政策对社会网络、社会规范与养殖户资源化利用技术采纳行为关系具有一定的正向调节作用；激励型环境规制政策对社会网络、社会信任与养殖户资源化利用技术采纳行为关系具有一定的正向调节作用。

（4）社会资本对养殖户资源化利用技术采纳绩效的提升具有显著促进作用，但社会资本不同维度对技术采纳的经济绩效、生态绩效、社会绩效的影响具有一定差异。具体而言，社会网络和社会信任对资源化利用技术采纳经济绩效、生态绩效、社会绩效的提升均具有促进作用；社会规范对资源化利用技术采纳生态绩效、社会绩效的提升具有促进作用，但对技术采纳经济绩效的提升没有显著促进作用。

9.2　政策建议

9.2.1　注重社会资本的培育与维护

社会资本作为养殖户间互动产生的一种资源，具有促进信息流动、降低交易成本、增强互惠合作等功能，对养殖户的技术采纳决策具有重要影响。但不可否认，随着社会转型和经济发展，农村人口流动性加大，势必会对农村社会中原有社会资本造成一定的影响，原有社会资本中的信任方式、共同规范面临冲击，降低了社会资本在养殖户行为决策中的作用。因此，必须注重农村社会资本的培育与维护。

在社会网络层面，一方面，积极培育农村民间组织。社会网络的构建和拓展在很大程度上依赖于一定的组织。这类组织可能是基于信任或是基于共同利益而建立，是养殖户相互交流和学习的良好平台。通过这类平台，养殖户在交流学习中，加强信任，强化规范并进一步扩大了关系网络。政府应通过完善农村民间组织法制体系、建立多元化的筹资渠道、给予更多的自主决策权等方式大力培育农业合作社、农业协会等农村民间组织。另一方面，政府应鼓励养殖户积极利用周围的人际资源拓展自身的社会关系网络；村委会应定期开展活动为养殖户与养殖户之间、养殖户与村干部之间的交流创造条件，完善互惠共享机制。

在社会信任层面，信任既包含亲朋好友等人与人之间的人际信任，也包括人对组织和政策的信任。一方面，在现代社会人与人间的信任并不是预先给定的，而是人们互动的结果。因此，在社会教育层面政府应充分利用农村广播、电视和网络等媒介营造相互信任、互惠互利的社会氛围，强化养殖户不合理处置养殖废弃物的羞耻感和内疚感，增强养殖户参与资源化利用的光荣感和自豪感。这有利于促进养殖户采纳资源化利用技术。另一方面，村委会作为国家政策的传达者和组织执行者应当充分了解养殖户的诉求，在保证公平、公开、公正的基础上尽量解决环保法规与农村现实之间的矛盾，使基层政府真正成为为农民服务的主体，从而提高养殖户对村委会的信任度。

在社会规范层面，一方面，政府应通过网络、电视、宣传单等方式大力宣传养殖废弃物资源化利用技术在使用和效果方面的优点，在农村社区中形成良好的舆论氛围。鼓励村中养殖大户和家庭农场采纳资源化利用技术，突出典型人物的表率作用，充分发挥其示范效应，带动更多的养殖户采纳资源化利用技术，改善农村生态环境。另一方面，充分利用村规民约发挥其对养殖户环境保护和资源化利用的规范化作用。结合当地传统文化，发挥村规民约对养殖户文化认同的影响，使其形成正确的环境价值观，自发地进行养殖废弃物资源化利用。

9.2.2 提高养殖户对资源化利用技术的认知

第一，养殖户作为养殖废弃物资源化利用技术的实施者，其自身的科技素质和知识水平对技术采纳与否及技术采纳效果具有重要的影响。知识水平的提高能够增强养殖户获取信息的能力，提高他们对新技术的理解和掌握能力，提升他们在实际中运用技术的能力，从而提高技术的实施效果。但当前养殖户的受教育水平普遍偏低，不利于他们科技素养的提升。因此，应建立和完善养殖户教育体系，因地制宜开展对养殖户的教育培训，拓宽养殖户的视野，提高养殖户的文化科技水平。政府可以联合农业院校和科研机构定期举办技术培训、专家讲座、技术专家下乡指导等活动，也可以政府补贴的形式鼓励养殖户走进职业院校进行系统的学习，以提高养殖户的技术水平和认知能力。此外，通过视频、海报、传单、讲座等多种方式向广大养殖户宣传生态环境保护的紧迫性和重要性，使养殖户充分了解畜禽养殖对环境造成污染的原因、危害性及可控性，使其明白养殖废弃物的随意排放对人类的健康及农业的可持续发展造成的负面影响，从而达到提高广大养殖户生态环境保护意识的目的。只有具备了环境保护的意识，养殖户才会把对环保行为落实到实际的农业生产中。

第二，充分发挥新型农业经营主体在养殖废弃物资源化利用中的示范作用。一方面，帮助新型农业经营主体建立示范基地，定期组织其他养殖户参观学习，新型农业经营主体也可以通过讲座的方式宣传养殖废弃物资源化利用技术的优势和操作要点，通过口口相传的方式促进资源化利用技术知识的普及。另一方面，鼓励农户建立一对多帮扶组，帮助散养户解决技术采纳过程中遇到的困难，提高散养户对技术的认知和采纳的积极性。

9.2.3　加强资源化利用技术推广体系建设

第一，资源化利用技术的发展和技术推广体系的建设影响着养殖废弃物资源化利用水平的提高。当前，我国养殖废弃物资源化利用技术的研究缓慢尤其是普适性技术的研究进展较慢。因此，应加快禽养殖废弃物资源化利用技术的研发，切实开发出适合大部分养殖户使用的技术操作简单、技术效果较好的养殖废弃物资源化利用技术。

第二，应该加强资源化利用技术推广服务体系建设。首先，要精准定位推广服务功能，探索创新性的技术服务机制，从而建立符合养殖户需要的政府推广体系。其次，提高农技推广人员的素质，使其切实能达到指导养殖户进行养殖废弃物的资源化利用。提高推广服务的后期跟踪服务质量，避免出现养殖户在采纳资源化利用技术时遇到困难无人解答的问题。最后，运用多种技术推广方式。当前，政府政策指令性项目推广仍然是我国农业技术推广的主要方式。这种方式是导致养殖户实际技术需求不能得到满足的主要原因。因此，政府应尝试运用多种技术推广手段，如利用网络、自媒体、短视频软件等媒介对技术进行宣传，提高技术推广效率。

9.2.4　切实开展资源化利用技术推广配套政策制定与实施

第一，养殖废弃物的资源化利用尤其是肥料化利用需要养殖户具备一定的消纳用地，但当前养殖户的土地流转并不顺利。地方政府应当在依法划定禁限养区的前提下稳步推进土地流转，保障符合条件的养殖户能够获得稳定的消纳用地。同时，鼓励养殖场向消纳用地充裕的地区搬迁，确保搬迁后的养殖户在配备养殖用地的同时兼顾消纳用地，降低资源化成本。

第二，建立健全市场体系，充分发挥市场机制在养殖废弃物资源化利用中的作用。政府应积极推进养殖废弃物收储运、有机肥等相关产业市场化，加快推出适合不同用户需要的，具有较高市场价值养殖废弃物资源化衍生产品。支持建设各类养殖废弃物加工配送中心、集散中心，优化养殖废弃物资源化产品的市场价格形成机制。此外，在需求端，通过建立完善的农产品可追溯体系、制定规范的农产品绿色认证门槛等提高消费者对生态、绿色农产品质量的信任度，调动种植户施用有机肥和养殖户资源化利用养殖废弃物的积极性。

9.3　研究不足与研究展望

　　本书利用吉林省生猪养殖户的微观调查数据，基于社会资本视角对养殖户废弃物资源化利用技术采纳行为进行深入分析，得出相关结论，具有一定的理论意义和实践意义。但由于个人时间、精力和能力的限制，本书还存在着诸多的不足和缺憾，需要进一步深入研究的问题仍然较多。首先，在样本的选取上，从全国来看，每个地区的养殖习惯、政策环境、地理环境、人文环境等不尽相同，但受到各方面的限制，本书仅选取了吉林省的养殖户进行调研，实属遗憾。在未来的研究中，会在样本区域的选择上更加宽泛，尽可能涵盖差异较大的地区并进行对比分析。其次，养殖废弃物的资源化利用不仅涉及养殖户一个主体，还涉及种植户、有机肥企业、第三方养殖废弃物收集处理组织等众多主体。但由于个人精力、财力有限不能对各个主体分别进行分析。在进一步的研究中会加强对这些主体的分析。最后，由于客观数据很难获得，本书对养殖废弃物资源化利用技术采纳绩效的研究只能以养殖户主观感知评价为依据展开分析。在今后的研究中，应尽量使用更准确的客观数据。

参考文献

[1] 陈占江. 乡村振兴的生态之维: 逻辑与路径——基于浙江经验的观察与思考 [J]. 中央民族大学学报 (哲学社会科学版), 2018, 45 (6): 55-62.

[2] 林孝丽, 周应恒. 稻田种养结合循环农业模式生态环境效应实证分析——以南方稻区稻—鱼模式为例 [J]. 中国人口·资源与环境, 2012, 22 (3): 37-42.

[3] 陈静. 我国生猪养殖企业养殖废弃物资源化利用行为及影响因素研究 [D]. 中国农业科学院, 2019.

[4] 周琳, 陈静, 杨祯妮, 等. 养殖废弃物资源化利用对生猪产业影响的经济视角分析 [J]. 中国畜牧杂志, 2019, 55 (12): 152-157.

[5] 陈柱康. 规模养殖户生猪粪污能源化技术采纳行为及影响因素研究 [D]. 华中农业大学, 2019.

[6] 舒畅. 基于经济与生态耦合的畜禽养殖废弃物治理行为及机制研究 [D]. 中国农业大学, 2017.

[7] 石哲. 河北省生猪养殖粪污处理问题与对策研究 [D]. 河北农业大学, 2018.

[8] 潘丹, 孔凡斌. 养殖户绿色养殖废弃物处理方式选择行为分析——以生猪养殖为例 [J]. 中国农村经济, 2015 (9): 17-29.

[9] 仇焕广, 严健标, 蔡亚庆, 等. 我国专业畜禽养殖的污染排放与治理对策分析——基于五省调查的实证研究 [J]. 农业技术经济, 2012 (5): 29-35.

[10] 宋燕平, 费玲玲. 我国农业环境政策演变及脆弱性分析 [J]. 农业经济问题, 2013, 34 (10): 9-14+110.

[11] 金书秦, 韩冬梅, 吴娜伟. 中国畜禽养殖污染防治政策评估 [J]. 农业经济问题, 2018 (3): 119-126.

[12] 王子侨, 石育中, 杨新军, 等. 外部社会资本视角下的黄土高原农户生活满意度研究——以陕西省长武县洪家镇为例 [J]. 干旱区地

理，2017，40（6）：1317-1327.

[13] 颜廷武，何可，崔蜜蜜，等．农民对作物秸秆资源化利用的福利响应分析——以湖北省为例 [J]．农业技术经济，2016（4）：28-40.

[14] 李文欢，王桂霞．生计资本和感知价值对养殖户粪污资源化利用行为的影响研究 [J]．家畜生态学报，2022，43（8）：55-61.

[15] Krishna R，Bishal K. Sitaula，Ingrid L. P. Nyborg，Giridhari S. Paudel. Determinants of farmers' adoption of improved soil conservation technology in a middle mountain watershed of central Nepal [J]．Environmental Management，2008（42）：23-34.